中华家训代代传

勉学 篇

总　主　编　　吴荣山　祝贵耀

本册主编　　姚正燕　周佳

浙江古籍出版社

《中华家训代代传》编委会

顾　　问：屠立平

主　　编：吴荣山　　祝贵耀

编写人员：姚彩萍　　张君杰　　江惠红　　沈凌霞

　　　　　俞亚娟　　蒋玲娣　　姚正燕　　周　佳

　　　　　沈益萍　　陈园园

编者的话

家训是我国传统文化中极具特色的部分，它以深厚的文化内涵和独特的艺术形式真实地反映了时代风貌和社会生活。在孩子人生成长的萌芽期，听一听祖祖辈辈流传下来的话，可以获得丰厚的精神养料，有助于树立正确的"三观"。

曾经家传，而今弘扬。新时代重读优秀的古代家训，就是希望以好家风支撑起全社会的好风气，把家庭的传统美德传承下去。为此，我们策划与编写了《中华家训代代传》丛书。丛书包含"爱国篇""立志篇""勉学篇""孝悌篇"和"明礼篇"五个分册，收录三百则家训。每一分册以"故事会"为引领，结合故事遴选历代家训良言，再配以注释、译文，帮助初涉人世的青少年了解古人的治家典范，学习优秀的家风家训，达到"立德树人"之愿景。

本丛书选编的每一则家训，都经过千挑万选、反复斟酌。这些进德修身、励志勉学、孝老敬长、睦亲齐家、报国恤民的好家训，有三大特点：

经典性。每则家训、每个故事均是中华传世经典，突出爱国、立志、勉学、孝悌、明礼等中华优秀传统文化。在经典的熏陶下，有助于孩子形成健康的品格和健全的人格。

适宜性。每则家训、每个故事均有适宜的思想主题，且适合诵读、易于理解，既能让孩子从小受到传统文化的熏陶，传递正能量，也能为语文学习积淀文言语感、言语思维。

趣味性。每则家训、每个故事短小精悍，那一个个历史故事、寓言故事、名人故事，让家训变得更有魅力、更有滋味。孩子们可以一边品着妙趣横生的故事，一边读着寓意深远的家训。

本丛书以正确的理念引导孩子，以规范的家训约束孩子，以优良的家风塑造孩子，以生动的故事感染孩子，以典型的人物影响孩子。

"爱国篇"以弘扬爱国主义精神为核心，引导孩子深刻认识"中国梦"的含义，以增强国家认同感和自豪感，培养自信、自尊、自强的健康人格。"立志篇"以培植正心笃志的人格为重点，引导孩子从小树立远大的志向，明白立志、立长志的重要性，懂得志向不在大小，而在奋发向上、矢志不渝、初心不改。"勉学篇"以锤炼积极进取的态度为目的，引导孩子明白"好学"还需"力行"、"温故"又能"知新"的道理，做到"学""思"合一、"知""行"合一。"孝悌篇"以感恩父母、孝敬长辈为主题，引导孩子树立尊亲、敬亲、养亲、顺亲、谏亲的孝道观，懂得感恩与回报。同时"老吾老以及人之老"，做到尊师、敬老。"明礼篇"以完善道德品质为追求，引导孩子养成良好的行为习惯，正确处理个人与他人、个人与社会、个人与自然的关系，从小做一个辨是非、知荣辱、明礼仪的好孩子。

学习家训，也要与时俱进，要善于利用现代媒体和手段去搜索，要善于紧跟时代的潮流和步伐去践行。《中华家训代代传》向孩子们的学习和生活开放，向社会的建设和创新开放，向国家的需要和发展开放，让孩子们去认同、去传承、去创造，在"家训"里成长，向着阳光，向着未来！

目录

CONTENTS

不临深溪，不知地之厚；

不游文翰，不识智之源。

1. 学问有利钝

司马光的"警枕"

　　司马光是北宋时期人，他是一名早慧儿童，七岁时便能急中生智，用大石头砸破水缸，救出掉在水缸中的同伴。这便是流传至今的历史故事"司马光砸缸"。这个故事几乎家喻户晓呢！

　　司马光的父亲司马池是个大学问家，受父亲的影响，司马光从小就喜欢读书、听故事，而且很快就能理解其中的意思。五六岁时，他就能背诵《论语》《孟子》；七岁时，他就能捧着《左氏春秋》自个儿读得津津有味了，还能把书中的故事绘声绘色地讲给家人听呢。

　　从小就聪慧过人的司马光，还特别勤奋努力。在私塾上学时，司马光对自己总是严格要求，他常常担心自己不够聪明，甚至觉得自己记忆力太差。为了训练自己的记忆力，他常常比别人多花两三倍的时间去记忆和背诵书上的知识。每当老师讲完课，其他同学便一个个丢开书，纷纷跑到院子里玩耍，可是司马光却不！他独自一人留在学堂里，轻轻关上窗户，集中注意力一遍又一遍地放声朗读，直到能背得滚瓜烂熟，才肯罢休。

　　长大以后，司马光仍然坚持这种勤恳用功的读书法。他日日夜夜勤学苦读，可仍然觉得自己读书的时间实在太少了！他想："我为什

独乐园图（明·仇英）

么要睡那么长时间呢？要是早一点醒来，不就可以多花点时间在读书上了吗？"

为了提醒自己勤奋学习，司马光发明了"警枕"——用一截刨去树皮的圆木当枕头。说来真有意思，当读书太困倦的时候，一睡就是一大觉。而圆木枕头是圆的，放在硬邦邦的床上极易滚动，人只要稍稍一翻身就会使之滚落到地上，"砰"的一声，自然会使人惊醒。一被惊醒，司马光便立刻起床，秉烛夜读——这是与时间赛跑啊！

有付出总会有回报。司马光终于成了一位学识渊博的大文豪，还编纂出了我国第一部编年体通史《资治通鉴》，为世人敬仰。

司马光在跟别人分享读书经验时说："读书不可以不背诵，或走路的时候，或晚上睡不着的时候，不断地吟咏文章，思索文义，收获就会越来越多！"

学问有利钝①，文章有巧拙②。钝学累③功，不妨精熟；拙文研思，终归蚩鄙④。但成学士，自足为人。

——[南北朝]颜之推《颜氏家训》

①利钝：敏捷和迟钝。
②巧拙：精巧和拙劣。
③累：积累。
④蚩鄙：粗野拙劣。

译文

做学问有敏捷和迟钝之分，写文章有精巧和拙劣之别。做学问迟钝的人只要坚持努力也可以达到精熟；写文章拙劣的人再怎么钻研思考，终究难免粗野拙劣。其实只要成为饱学之士，就足以立身处世。

小叮咛

颜之推告诫后人要做饱学之士，司马光用"警枕"提醒自己多读书、多积累，最后为世人敬仰。小朋友，"累功"和"研思"是学习过程中两种不可或缺的好方法，对做学问、写文章都很有帮助，千万不要懈怠哟！

2. 读书增长智慧

孙权劝学

三国时期，孙权手下有一位名将叫吕蒙。吕蒙从小就跟着姐夫在外打仗，他非常有军事才能，屡次建立战功。比如在征讨黄祖时，吕蒙作为前部先锋，身先士卒，亲自驾着小船，冲入敌方船队，放火焚烧敌船，并一刀砍翻敌将陈就，为擒拿黄祖立下首功。

这样一名贤才良将，孙权十分看好他，就连"羽扇纶巾，谈笑间，樯橹灰飞烟灭"的周瑜，也对吕蒙青眼有加。随着吕蒙建立的战功越来越多，他在军中担任的职务也越来越大。

可是这样一个吕蒙，却不可思议地很不喜欢读书。有一天，吕蒙找孙权禀告事情。孙权这一天正好有闲情逸致，他对吕蒙特别关照地说："你现在当权掌管政事，不能不学习啊！你要多读点书，增长自己的智慧，这样才能让自己受益呀！"

吕蒙听了，很为难地说道："我

孙权（唐·阎立本）

在军中事务实在太多啦，根本没有时间读书啊！"

孙权听了，一半教训一半开导地说："我难道是叫你去钻研儒家经典当个博士吗？我只是让你多多涉猎，了解历史，汲取经验。你说你事务繁多，难道能多得比得上我吗？我小时候读《诗经》《礼记》《左传》《国语》等等，直到现在也是每天手不释卷，因为我知道读书是一辈子受益的事情！像你这样年轻聪明的将领，学习后肯定会有很大的收获！"

接着，孙权又语重心长地告诉他："孔子就曾说：'整日不吃饭，整晚不睡觉，把时间用于思考，这是徒劳无功的，不如去学习啊！'当年汉武帝不管事务有多忙，也一定会挤出时间读书。你怎么就不自勉呢！"

吕蒙听了孙权的话，很受启发。从此他就像变了个人似的，开始用心钻研学问，工作再忙也绝对会挤出读书的时间。天天读，夜夜读，不断坚持，日积月累，他不但读完了孙权列出的书单，还饱览了很多其他典籍。

有一天，足智多谋的鲁肃和吕蒙在一起讨论国家大事。谈话中，吕蒙充分运用自己平时在书中学到的知识，向鲁肃滔滔不绝地表达自己的看法。鲁肃听得目瞪口呆，惊讶地说："你现在竟然这么有智慧和谋略，再也不是以前那个吴下阿蒙啦！"吕蒙回应道："是啊，士别三日，当刮目相待啊！"

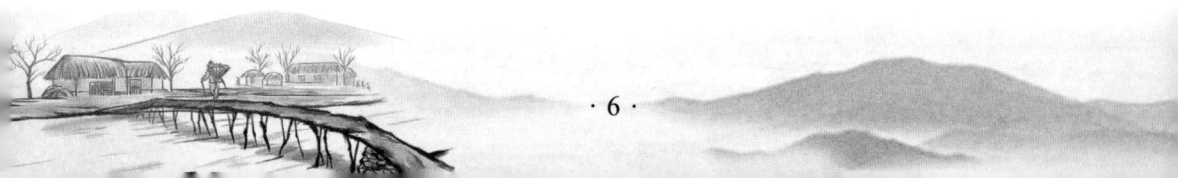

不临深溪，不知地之厚；不游^①文翰^②，不识智之源。

①游：求学。

②文翰：文章学问。

——[唐]李世民《帝范》

译文

不靠近深溪，就不会知道地有多厚；不认真学习，就不能明白智慧的源泉。

小叮咛

吕蒙在孙权的劝说下勤学苦读，使得足智多谋的鲁肃刮目相看。小朋友，读书可以增长见识，点亮梦想，照亮人生。只有勤于读书、善于读书、专于读书、广于读书，才能明白智慧的源泉。

3.实践出真知

厉归真学画虎

厉归真是我国五代时期人，他从小喜欢画画，尤其喜欢画老虎。然而老虎生活在深山中，厉归真从未见过真的老虎。他求助于能将燕子画得以假换真的先生，先生告诉他："画画不能凭空想象，需天天观察其形象、神态，才能做到胸有成竹。"

见不到老虎怎么办呢？有了！厉归真决定先观察"老虎的师父"——猫，他每天观察猫的动作、神态，再专心致志地画虎。结果，出洋相了！同学们一看，纷纷嘲笑道："这哪里是老虎啊？分明是只生病的猫嘛！哈哈哈！"

虽然深受打击，但厉归真没有妄自菲薄，他明白要想画好老虎，必须去观察真正的老虎，而不能"照猫画虎"。于是，他备足干粮和纸笔，走进深山老林，他在一棵大树上搭了一个隐蔽的棚子，打算实地观察老虎。

虎图（清·闵贞）

一天，厉归真猛然间听见一声雷鸣般的吼叫，他紧张又兴奋：老虎出现了！他壮着胆子悄悄探出头来观察。他全神贯注，连干粮被猴子偷走竟也没发觉。厉归真边看边画，就这样日复一日，老虎坐的、趴的、蹲的，以及捕食、发威、呵护幼崽时的各种情状，都被他看在眼里、记在脑中、呈现在笔底。就这样，厉归真画虎的技艺有了明显的长进，并得到了先生和同窗们的赞赏。

后来，厉归真用大半生的时间游历了许多名山大川，见识了更多的飞禽猛兽，终于成为一代绘画大师。

聆听家训

凡学问皆须实见实行，不可虚空揣摩[①]。

——[清]冯班《家戒》

①虚空揣摩：凭空推测。

译文

凡是做学问都必须亲眼去看，亲自去实践，不能凭空推测。

小叮咛

厉归真为了把老虎画好，走进深山老林观察真老虎的各种形态。小朋友，我们学习也是如此，决不能华而不实、弄虚作假，而应该“实见实行”，亲身体验。

4.从实践中学习

玄奘苦学佛法

玄奘小时候聪明好学，但因为家境贫穷，只得跟着二哥长捷法师住在洛阳净土寺学习佛经，这一待就是 5 年。5 年间，玄奘天天按时听课，认真修习，11 岁时已能熟练背诵《法华经》《维摩经》。

626 年，玄奘向朝廷申请"出国留学"，希望去印度学习佛法。但申请了多次，唐太宗都没有理会——玄奘被"拒签"了，而且一拒竟是两年！这可如何是好呢？思来想去，玄奘决定混在逃难的灾民中"偷渡"离开长安。

这办法果然成功！在风餐露宿一个月后，玄奘到达了凉州（今甘肃武威）。当时，凉州正处于突厥和吐蕃的夹击之下，这个边防城市的安全直接影响大唐的稳定。大唐和突厥的战争一触即发，凉州城气氛非常紧张，军队戒备森严，没有官方的命令，任何人不得向西走。忐忑不安的玄奘虽然人在凉州，但他不知道自己如何才能走出这座城。

玄奘负笈

西行刚刚开始，难道就要结束？玄奘肯定不会放弃，他的坚定信念感动了凉州的佛教领袖慧威法师，法师秘密安排两名僧人掩护玄奘悄悄出城。从此，玄奘隐姓埋名，昼伏夜行。他沿着西域，穿过帕米尔高原，历经艰难险阻，终于到达印度的佛教中心——那烂陀寺。玄奘拜在著名的百岁高僧戒贤法师门下，刻苦参研佛法。

后来，玄奘又在印度各地辗转多年。17年后，他载誉启程回国，并带回657部佛经。两年后，他抵达长安，受到了唐太宗的欢迎。他将这些年游历的各地的地理、农业、商业、风俗、语言、宗教等，写成了《大唐西域记》，为人类进步、为世界文明做出了卓越贡献。

聆听家训

子弟读书，既与之解明①义理②，何不导之以行？

——[清]李铠《李惺庵家训》

① 解明：解释，阐明。
② 义理：指文章内容和道理。

译文

年轻后辈们读书，已经向他们解释阐明了文章的内容和道理，为什么不引导他们付诸实际行动呢？

小叮咛

玄奘历经艰难险阻，万里跋涉，西取经学，为人类留下了绝世经典。小朋友，我们学知识不仅要从书本中学习，还要从生活实践中学习，只有亲身经历过才能更深入地理解。

5.读万卷书，行万里路

李时珍与《本草纲目》

李时珍出身于医药世家。他的祖父是草药医生，父亲也是当时的名医，曾在太医院任职。可别以为当时的医生像现在这般受人尊敬哦，要知道，当时民间医生地位低下，生活艰苦。所以父亲并不愿李时珍学医药，而希望他通过科举考试，当个官儿——哪怕是个七品芝麻小官！

可是李时珍对科举做官才没有兴趣呢！要说这遗传的基因真是强大呀，再加上从小对中医药学的耳濡目染，李时珍对医药倒是热衷痴狂得很呢！他一边跟着父亲行医，一边研读大量的古医书，渐渐地学问丰富了，名声也大噪了。学问越多，就发现古代医书中的错误越多，不仅品种繁杂不清，而且名称混乱不堪，甚至许多有毒性的药品，竟被认为可以延年益寿，真是遗祸无穷啊！于是，李时珍决心亲自操刀，编写一部好的医书。

写一部医书可不是一件容易的事呢！李时珍认识到，"读万卷书"固然重要，但"行万里路"更不可少。于是，他穿上草鞋，背起药筐，风餐露宿，跋山涉水，遍访名医，搜求民间药方，观察并搜集药物标本。

豆　蔻

延胡索

何首乌

白　术

三　七

人　参

　　李时珍抱着严谨的学术态度，通过实地调查考证，弄清了药物的许多疑难问题。27年后，他写的药学著作——《本草纲目》终于亮相了！全书约有200万字，52卷，载药1892种，新增药物374种，收集医方1万多个，绘制精美插图1000多幅。书中不仅考证了过去本草学中的若干错误，还综合了大量科学资料，提出了较科学的药物分类方法。《本草纲目》成了我国药物学的空前巨著，被达尔文称赞为"中国古代的百科全书"。

为学，先要拓^①其识见，所谓放开眼孔^②是也。

①拓：开辟，扩展。
②眼孔：视野。

——[清]杜堮《杜氏述训》

译文

做学问，首先要拓宽自己的见识，也就是所说的开阔视野。

小叮咛

李时珍编写《本草纲目》，尝尽百草，开阔眼界。的确，"读万卷书，行万里路"，多长长见识是多么重要。小朋友，知识不仅仅在书中哦，世间万物、人间百事，都富含知识呢！所以，我们要放开眼界，阅读人生，从生活中不断求取新知，丰富阅历，增长才干。

6. 学习要多思考

时时保持探究的心

诺贝尔物理学奖获得者丁肇（zhào）中自小就喜欢发问，凡事都要追根究底。为了一个问题，他愿意花费许多时间寻找相关资料，长时间地思考，不弄个水落石出决不放手。

20 世纪 70 年代初，物理学家们普遍认为，所有已知的基本粒子均由三种夸克组成。当时丁肇中就怀疑：为什么只有三种夸克？为了寻找新的夸克，丁肇中决心组装一个高灵敏度的探测器，该探测器对夸克探测的灵敏度为已有探测器的 100 亿倍。也就是说，要在 100 亿个基本粒子中找出由新夸克组成的新粒子。

这个实验的难度可不小，正如丁肇中自己所作的比喻："在雨季，一秒钟之内也许要降落下千千万万的雨滴，如果其中的一滴雨有着不同的颜色，我们就必须找到那滴雨。"在当时，几乎每一个人都相信夸克只有三种，再加上这个实验的难度太大，世界上几乎所有的加速器实验室都拒绝接受这个实验。最后，美国纽约的布鲁克海文国家实验室终于允许进行这个实验。

天道酬勤，1974 年 8 月，丁肇中果然发现了一个全新的夸克品种，他为它命名为"J 粒子"。该夸克所组成的粒子呈现了意想不到的性质:第一，非常重，比所有已知的粒子都重;第二，生命期很长，比已知的粒子长 1000 倍以上。这些性质显示了新的物质的存在。

不死背公式，不死记书本，懂得学贵在融会贯通、独立思考，时时保持探究的心，这正是丁肇中在物理界成功的主要原因。

▶聆听家训◀

口讲耳闻，皆当然①者也，学也；学而不思则罔②，罔则苦也。
　　　　　　——[清]潘德舆《示儿长语》

①然：这样，如此。
②罔：迷惑无所得。

▶译文◀

用嘴巴讲、耳朵听，都这样做到的，才是真正地学习。只学习而不思考，就会迷惑无所得，如若这样，就会深受其苦。

▶小叮咛◀

土地需要辛勤耕耘，知识需要反复探索。学习是思考的源泉，只读书不思考，就等于吃饭不消化。小朋友，我们也要像丁肇中那样，边读书边动脑筋，做到口讲耳闻、学思结合哦!

7.读书要养成好习惯

苏轼"八面受敌"读书法

苏轼是北宋著名文学家、书画家。他博览群书，才思敏捷，是个典型的"学霸"。不过，在成为"学霸"的道路上，他着实下了一番"笨办法"和"苦功夫"。他根据切身体会，创造了"八面受敌"读书法。

他说："年轻人读书，每本书都应读多遍。因为一本好书，内容是很丰富的，就像浩瀚的海洋一样宽广无垠。可人的精力毕竟有限，不可能一下子全部吸收，一次只能吸收其中一个或几个方面。所以，每次读书应集中注意力于某一方面，不要同时考虑其他问题。"

比如《汉书》，苏轼就读过许多遍，每读一遍都有明确的目的。读第一遍，他从中学习治世之道；读第二遍，学习用兵的方法；读第三遍，去研究人物与管制等。每读一遍都有一个侧重面，这样读了几遍之后，他对《汉书》各方面的内

秋窗读书图

容都十分精通，谈起来如数家珍。

这种"八面受敌"读书法能化整为零，一意求之，逐个攻破。初看起来好像进度很慢，但学成后，获得的知识不但牢固，而且很有用。这种方法比"八面出击"——东一榔头西一棒槌效果好得多，不少人称赞它是"读书的精妙方法"。

至今，"八面受敌"读书法仍是精读和研究学问的一个很重要的方法。

聆听家训

> 凡读书，须整顿几案①，令洁净端正。将书册整齐顿放②，正身体，对书册，详缓③看字，仔细分明。
>
> ——[宋]朱熹《童蒙须知》

① 几案：桌子。
② 顿放：放置。
③ 详缓：详细缓慢。

译文

凡是读书，一定要整理桌子，让它洁净平整。将书本整齐地放置，身体坐正，面对书本，详细缓慢地阅读字句，认真仔细条分缕析地阅读。

小叮咛

好的读书习惯可以收到事半功倍的效果，如苏轼的"八面受敌"读书法。朱熹告诉我们，读书时要"整齐顿放，正身体，对书册，详缓看字"。小朋友，从今日起，你也有意识地培养这样的读书习惯吧，相信会有很多的收获呢！

8.字要写端正漂亮

偶创"飞白书"

汉朝的蔡邕(yōng)不但是个文学家，还是一位著名的书法家。蔡邕经常出门旅行，为的是捕捉灵感，丰富阅历。

一天，蔡邕把写好的文章送去皇宫图书馆鸿都门。那儿的人架子挺大，谁来了都得在门外候上一阵儿。蔡邕等待接见时，有个工匠正用笤帚蘸着石灰水在刷墙。闲来无事，他就站在一边端详起来。

只见工匠一笤帚下去，墙上出现了一道白印。由于笤帚丝又细又稀，蘸不了多少石灰水，墙面又不太光滑，所以一笤帚下去，白道里仍有些地方露出墙皮来。接着，工匠又把笤帚浸入石灰水，再往墙上刷……

看着看着，蔡邕眼前不由一亮。"以往写字用笔蘸足了墨汁，一笔下去，笔道全是黑的。要是像工匠刷墙一样，让黑笔道里露出些帛或纸来，那不是更加生动自然吗？"一想到这儿，他一下来了灵感，一交上文章，就马上奔回家去。

蔡邕回到家里，顾不上休息，赶紧找来一些竹子，劈成丝状，仿照笤帚的式样，将竹丝绑在一起，做成了一支扁形的竹笔。准备好了笔墨纸砚，他想着工匠刷墙时的情景，提笔就写。

飞白书"升仙太子之碑"

谁知想想容易，做起来就难了。一开始不是露不出纸来，就是露出来的部分太生硬了。但蔡邕毫不气馁，一次又一次地尝试，终于在蘸墨多少、用力大小和行笔速度各方面摸索出了需把握的分寸，写出了黑色中隐隐露出一丝丝白的笔道，使字变得飘逸飞动，别有一番风味。

蔡邕独创的这种写法，很快就推广开来，被同行称为"飞白书"。直到今天，还被书法家们所应用。

聆听家训

字有二法。一曰用笔。汝用笔疏硬①而骨枯，非法也。看褚②书便知血脉处极细，而有笔意也。二曰布置③。左右向背、上下承④盖、半阔半细、半高半低，分间架在布白处。

——[清]冯班《诫子帖》

① 疏硬：生疏僵硬。
② 褚：即唐代书法家褚遂良。
③ 布置：布局。
④ 承：连接。

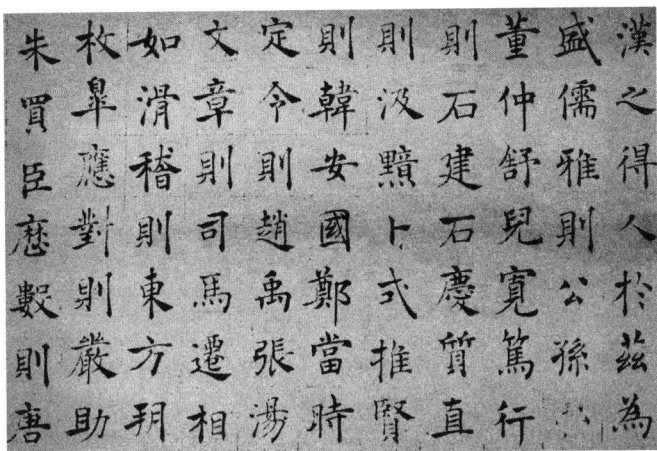

褚遂良书法

译文

写书法有两个诀窍。第一是用笔方法。你用笔生疏僵硬，笔法干枯无韵，这不是正确的书写方法。观察唐代书法家褚遂良的书法就知道，字的血脉相连处虽然很细，但它能显现出用笔的意味来。第二是笔画布局。字的每一笔每一画，左右和而不同，上盖下托，或阔或细，或高或低，都要巧妙布置在相应的空白处。

小叮咛

字如其人，人如其字，书法极能体现一个人的气质、品格和艺术修养。蔡邕不但写得一手漂亮的字，还能独创"飞白书"，惊艳旁人。小朋友，对于我们来说，首先应该练好楷书。诚如古人所说："楷书就像人端端正正地坐着，要庄严宽裕，神采就自然互相辉映。"小朋友，希望你能练得一手漂亮的楷书哦！

9. 大事小事，处置合宜

一屋不扫，何以扫天下

东汉时期有一个人名叫陈蕃，他胸怀大志，少年时代发奋读书，以天下为己任。

陈蕃15岁时，为了清静读书，曾经独自一人住在一处。一天，他父亲的老朋友薛勤来看他，走进屋里，见陈蕃独居的院内杂草丛生、秽物满地，就忍不住对他说："小伙子，你好像有点懒嘛！屋里这样杂乱，怎么不打扫一下再来招待宾客呢？"

陈蕃满不在乎，反而义正词严地回答道："咳！大丈夫活在世上，要不拘小节，心里想着的，应该是如何干一番轰轰烈烈的大事业！为什么要去理会打扫一间屋子呢？"

薛勤当即反问道："你连自己这一间屋子里的污秽都不扫除，还凭什么去扫除天下的不平、打理天下呢？"

陈蕃被薛勤反驳得无言以对。

薛勤看陈蕃有所醒悟，又说："只有雄心壮志而缺乏脚踏实地的行动，大志往往成为一句空话！"

此后，陈蕃不管是大事还是小事，都极力处理得妥妥当当，最终成了东汉的一代名臣。

为学不是虚谈道理，须于应事接物处随在详审①。每日不问大事小事，处置合宜，便是学问到处。若泛观天下之书而不知善处②事物，究③于实何补④？

——[清]周召《双桥随笔》

①详审：详细审察。
②善处：妥善处理。
③究：终究，到底。
④补：补益，益处。

译文

读书求学不是空谈理论，必须在待人接物的实践中处处详细审察。每天不管大事小事，都能处理适宜，这便是做到了学问。如果只是空泛地阅读天下的书却不知道如何妥善地处理事物，那么对现实又有什么补益呢？

小叮咛

一屋不扫，何以扫天下？人要成就一件大事，就得从小事做起。小朋友，学习也是如此。学习的目的是运用所学到的知识，更好地解决生活中的问题，如果不能将生活中的大小之事都处理得妥当，那么学习也就失去了它本来的意义。

朱买臣读书

西汉有个朱买臣，他自小失去双亲，也没有兄弟姐妹，孤身一人，靠打柴、卖柴勉强维持生计。他虽然穷得揭不开锅，可是从不向命运低头。他爱读书，胸怀大志。

朱买臣上山砍柴时，总是随身带着书。砍柴累了，就席地而坐看会儿书；挑着柴时，就一边走一边看。要是遇上精彩的篇目，他就会高声朗读。村里人都很欣赏这个积极上进又实诚的小伙子。

在大家的帮助下，他成了亲。成亲后的朱买臣依旧靠打柴度日，依旧贫穷如洗，依旧喜欢读书。妻子崔氏看不惯他一天到晚总是捧着书看个没完，不好好赚钱养家，就老是朝他

朱买臣（明·陈洪绶）

子立

发怒："就知道读书读书，有什么用！"

一次，朱买臣正在聚精会神地读书，书中的故事太精彩啦，他情不自禁地大声朗读起来。这时候，妻子崔氏叫他做事，可他实在太投入了，妻子叫了他多次，他都没听见。妻子愤怒地冲过来，一把抓起他手中的书。兴致盎然的朱买臣还没反应过来呢，书就被狠狠砸在了地上。

朱买臣生气极了，但他还是竭力压制住心中的一团怒火，心想：跟"母老虎"吵架，还不如自顾自看书呢！他果断地捡起书本，继续回到书中精彩的情节。

妻子实在忍无可忍，愤恨地说道："我受够了！这样的日子什么时候是个头？我要离开你！"朱买臣赔笑道："没准再过几年我就时来运转了呢！您消消气，将来我一定好好报答您！"妻子决绝地离开了。

朱买臣虽然伤心，但一想起一个人更能自由自在地静心读书，心里便好受多了。白天，他仍然一边砍柴，一边读书，但读得更拼命了，甚至常常读书到天亮。日子久了，书读得多了，知识也就渊博了，名气也大了。

后来，朱买臣被人举荐给了汉武帝。汉武帝非常欣赏他的才华，让他出山做官。从中大夫，到会稽太守，到主爵都尉，再到丞相长史，朱买臣加官晋爵，终于出人头地了！

书缓缓读有七美。唱叹①悠扬，不伤气力，一也；字句清朗，铿锵②悦听，二也；无别字，无生疏字，三也；节拍分明，易通文义，四也；咀含③有余味，五也；次早不必加遍，自能滚背，六也；带背永远记忆，省却许多工夫，七也。

——[清]潘德舆《示儿长语》

①唱叹：形容诗文婉转，情韵悠长。
②铿锵：指诗文音调抑扬顿挫，响亮和谐。
③咀（jǔ）含：细细品味。

译文

书慢慢读有七种美。唱叹悠扬动听，不费力气，这是第一美；字句朗读清楚响亮，抑扬顿挫又悦耳动听，这是第二美；不会读错字，也不会读得生疏，这是第三美；节奏分明，容易疏通文义，这是第四美；细细品味意味悠长，这是第五美；第二天早上不用再诵读一遍，就能背得滚瓜烂熟，这是第六美；加深印象背熟后就能永远记住，节省了很多时间，这是第七美。

小叮咛

"读书七美"，原来读书可以带来这么多享受啊！小朋友，你品味到读书的乐趣了吗？唱叹诗文、铿锵悦听、易通文义、永远记忆等，这些都是读书的趣味哦！

11."题高"一半文

苏门对诗

苏轼与父亲苏洵、弟弟苏辙合称"苏门三学士",一门三苏都是北宋时期的文坛大明星,尤其是"大文豪"苏轼,名气更是大得没边儿。据传苏轼有一位妹妹,名叫苏小妹,是当时闻名遐迩的才女。

关于苏轼他们这一组明星家庭,历史上流传着很多有趣的故事。

那一年,苏轼高中榜眼,一家人欢天喜地,齐聚在自家花园里开"派对"庆祝。苏洵命题:用"冷""香"二字,每人写两句诗,同时必须与眼前的情景相契合。

苏老先生当仁不让,自己带头作诗。他缓缓踱步到花池边,吟道:"水自石边流出冷,风从花里过来香。"

苏辙不假思索,站起身顺手摘了一瓣馨香蜡梅,弹了下手指,说道:"冷字句佚不可知,梅花弹遍指头香。"

苏小妹起身做摘花状,苏辙刚要笑她模仿自己,苏小妹却咏道:"叫日杜鹃喉舌冷,宿花蝴蝶梦魂香。"话音刚落,她摊开手掌,只见一只蝴蝶缓缓飞走。苏小妹的诗意境幽远,大家齐声叫好。

随后,他们同时把目光转向苏轼。苏轼好像并不打算对诗,而是用衣带轻拂石凳，仿佛骑上马打算要走。苏老先生赶忙叫道："我的儿哟，对不出诗也不要急着逃走啊！"话音未落，苏轼已长声飘来两句："拂石坐来衣带冷，踏花归去马蹄香！"

聆听家训

作诗非难，命题为难。题高则诗高，题矮则诗矮，不可不慎也。少陵①诗高绝千古，自不必言，即其命题，已早据百尺楼②上矣。

①少陵：指杜甫。
②百尺楼：泛指高楼。

——[清]郑燮（xiè）《郑板桥家书》

译文

写诗并不难，难的是诗歌题材的选择。选题境界高远，诗作水平自然就高；境界狭窄，诗作水平自然就低。因此选题不能不慎重。杜甫诗作冠绝千古，自然不必说，就是他诗歌的命题，早已经占据百尺高楼之上了。

小叮咛

同样是限字吟诗，苏小妹的诗句比苏辙的意境更幽远，苏轼的"踏花归去马蹄香"则更胜一筹。小朋友，一篇文章要较好地表达一种主张和看法，必须有鲜明而深刻的主题，所谓"题高"一半文，主题就是文章的灵魂，因此，选择题材的时候要谨慎，立意要高哦。

12. 学习贵在能速改过

柳公权戒骄成名

柳公权是唐代著名的书法家，其书法以楷书著称，骨力劲健，自成一家，与颜真卿并称"颜柳"。

柳公权从小就在书法方面显示出过人的天赋，他写的字远近闻名。他也因此有些骄傲。一天，柳公权和几个小伙伴在村旁的老桑树下摆了一张方桌，举行"书会"，约定每人写一篇大楷，互相观摩比赛。

柳公权像

柳公权很快就写了一篇。一个在旁边卖豆腐的老人瞅了一眼他写的几个字，"会写飞凤家，敢在人前夸"，觉得这孩子太骄傲了，便皱皱眉头，说："年轻人，你这字写得并不好呀！好像我的豆腐一样，软塌塌的，没筋没骨，还值得在人前夸吗？"

柳公权一听，很不高兴地说："有本事，你写几个字让我看看！"老人爽朗地笑了笑，说："不敢，不敢！我是一个粗人，写不好字。可是，有人用脚都写得比你好很多呢！不信，你到华京城看看去吧！"

柳公权不相信，他悄悄给家里人留了张字条，就独自往华京城去了。一进华京城寿门，就见北街一棵大槐树下挂着个白布幌子，上面写着"字画汤"三个大字，字体苍劲有力，笔法雄健潇洒。

槐树下围了许多人，柳公权费力地挤进人群，不禁目瞪口呆。只见一个黑瘦的老人，没有双臂，赤着双脚坐在地上，左脚压住铺在地上的纸，右脚夹起一支大笔，挥洒自如。他运笔如神，笔下的字迹似群马奔腾，龙飞凤舞，博得围观看客的阵阵喝彩。

柳公权这才知道卖豆腐的老汉没有说假话，他惭愧极了。从此，他时时把"戒骄"记在心中，勤奋练字，虚心学习，终于成为一代书法大家。

柳公权《神策军碑》局部

聆听家训

学贵速改过。人非积厚养深，孰①能无过？诸凡存心制行，应事接物间，一时检点不到，便有百过交集，幸而知之，当速改之，绝不可有一毫畏难之心，而苟且②以自安③也。

——[清]窦克勤《寻乐堂家规》

①孰：谁。

②苟且：只图眼前，得过且过。

③安：安慰。

30

学习贵在能快速改正错误。人不是道德高尚的圣人，谁能没有过错？在一些需要注意行为、应酬事情之中，一时间没有察觉，就会有很多过错交叉出现。如果幸运地知道错了，就应该快速改正，绝对不可以有一点点害怕困难的思想，用自我安慰来得过且过。

小叮咛

"人非圣贤，孰能无过"，关键在于能知错即改。柳公权见到无臂老人以脚代手，笔法雄健潇洒，写出来的字苍劲有力，从此把"戒骄"记在心中，虚心学习。小朋友，如果过错不即时改正，就会"百过交集"，悔之晚矣！

13. 主动学习之妙用

开卷有益

宋太宗像

宋太宗赵光义是宋朝第二个皇帝，他很喜欢读书，尤其是史书。他命文臣李昉等人编写了一部规模宏大的分类百科全书——《太平总类》，这部书收集摘录了 1600 多种古籍的重要内容，分类归成 55 门，全书共 1000 卷，可谓包罗万象。

对于这么一部巨著，宋太宗规定自己每天至少要看两三卷，一年内全部看完，于是他将此书更名为《太平御览》。

当宋太宗下定决心花精力翻阅这部巨著时，就有人觉得皇帝日理万机，劳心劳神，还要抽时间读这部大书，实在太辛苦，就劝他少看些，以免过度劳神，损坏龙体。可是，宋太宗回答说："我很喜欢读书，从书中常常能得到乐趣，收获惊喜，况且我并不觉得劳神。"

于是，他仍坚持每天阅读三卷，即便因国事耽搁了，也要想方设法抽空补上。他常对身边的人说："开卷有益，只要打开书本，总会有好处的。"宋太宗的学问因此越来越渊博，处理起国家大事也十分得心应手。

大臣们见皇帝尚且如此勤奋读书，也纷纷效仿，所以当时读书的风气很盛。

聆听家训

故学，将以学为人也，将以学事人也，将以学治人也，将以矫①偏邪而复②于正也。

——[明]方孝孺《宗仪》

①矫：纠正。
②复：恢复。

译文

所以学习，就是学习怎么做人，就是学习怎么侍奉人，就是学习怎么管理人，就是矫正不正当或错误的行为，让它们回归正道。

小叮咛

宋太宗每天坚持阅读三卷《太平御览》，以史为鉴，学习治国。这使得他知识渊博，处理国家大事也十分得心应手。小朋友，我们也要学会主动学习，学习做人，学习做事，练就过硬的真本领，这样才能拥有强大的学习力，成为一个会学习、会干事、会生活的人。

故事会

陆羽弃佛从文

　　一个秋末冬初的日暮，竟陵（今湖北天门）龙盖寺的住持智积禅师在一座小石桥下发现一名三岁左右的弃儿，他心生慈悲，将弃儿带回寺中抚养。这个弃儿就是后来著名的茶学家陆羽。

　　智积禅师希望陆羽潜心向佛，便教他诵经，并让他像其他弟子一样打扫禅院、砍柴放牧，想好好磨砺他一番。陆羽虽身在庙中，

竹下烹茶图

可对诵经念佛一丁点儿兴趣都没有，一念经就打瞌睡，对吟诗读书却非常向往。他常请求师父让他下山读书，可总是遭到师父的反对。

有一天晚上，陆羽又去请求师父，师父便吩咐他先沏一杯茶。茶沏好后，师父一尝，摇了摇头，叫他重新沏，并且语重心长地说："把你养大是想培养你成为佛学大师的，你在这里十年了，连一杯茶都沏不好，怎么能学好诗书？等你什么时候沏出一杯好茶，我就考虑让你下山读书。"

有一次，陆羽在山脚下放牛，一头牛跑进了一位老婆婆的茶园里。陆羽连忙过去牵牛，并连声向老婆婆道歉。老婆婆没有责怪他，看他满头大汗，于是请他进园子喝茶。陆羽一饮而尽，直夸好喝。老婆婆笑他不会喝茶，说："茶得慢慢喝，细细品，沏茶、品茶，这里面学问大着呢！"陆羽听老婆婆这么一说，就请求老婆婆将沏茶的方法教给他。老婆婆看他心诚意切就答应了。

陆羽刚开始煮茶，不是烫着了手，就是烧火把脸弄得像小张飞。但为了能下山读书，他虚心学习，不几日，摘茶、炒茶、泡茶，他每样都学会了。当陆羽将一杯色、香、味俱佳的苦丁茶端到智积禅师面前时，他下山读书的要求终于被批准了！师父告诉他："你要好好学习，学习就像这杯苦丁茶一样，先苦后甜。"

后来，陆羽对茶叶产生了浓厚的兴趣，专心从事茶学和茶文化的研究，熟悉茶树栽培、育种和加工技术。他极擅长品茗，撰写的《茶经》广为流传，成为世界上第一部茶学专著，为世界茶文化的发展做出了卓越贡献。他本人也被誉为"茶仙"，尊为"茶圣"。

一人有一人之能，不得以己之能傲①人之不能也；一事有一事之体，不得以此之体混彼之体也。以学问言之，经②自不同于史③，史自不同于子④，子史又自不同于诗赋。

——[清]焦循《里堂家训》

①傲：自高自大。
②经：指儒家经典。
③史：史书。
④子：诸子百家著作。

译文

一个人有一个人的能力，不能以自己的长处去瞧不起别人的短处；一件事情有一件事情的做事方式，不能用同样的方式处理不同的事情。就学问而言，经书不同于史书，史书自然不同于诸子著作，诸子著作和史书自然又不同于诗赋。

小叮咛

"天生我材必有用"，每个人都有自己的价值所在。陆羽找到自己的兴趣，并编写了被誉为"茶叶百科全书"的《茶经》，影响至今。小朋友，在学习过程中，学习兴趣不同，选择的内容也不同，选取的方法也会不一样。希望你能找到自己的兴趣和长处所在，潜心学习，做出不一样的成绩。

15. 文之三长

故事会

包拯断案

　　黑魆（xū）魆的脸，洁白的牙齿，额头上镶嵌着一个弯弯的小月亮，这就是大家所熟悉的人物——包拯包青天。他是正义的化身、无私的代表，是爱民如子的楷模。

　　包拯出身于名门望族，他自幼聪颖，勤学好问，才智过人，尤其喜欢推理断案。28 岁时，他就考中了进士甲科。后来，包拯到天长县做了县官。

　　有一天，一个衣着朴素的农民哭泣着来县衙告状，说自己辛辛苦苦养的一头牛，竟被人割了舌头，不知道是谁干的。包拯一听，凭着自己多年的断案经验，料定这是仇家有意为之。他心生一计，对这农民说："你回家把牛杀了，自己留一点吃，其余拿到市场上去卖。"

　　按当时宋朝的法律，民间私杀耕牛是犯法的，但如今有县老爷的许可，何况这断了舌的牛也活不长，于是那位农民回到家就真的把耕牛杀了。

　　第二天，有一人急匆匆赶到县衙，向包拯控告那位农民，说他不顾朝廷法律，私自宰杀耕牛。包拯心下明白，这正是那位牛主人的仇家。于是二话不说，就将这告状的人扣押了起来，怒斥道："大胆刁民！你为什么割人家的牛舌？现在还私自告人宰牛？"

那人被包拯突如其来的怒斥吓得惊慌失措，生怕包拯重判，只得如实招供自己割牛舌的恶行。这个无赖根本没有想到，这原来是包拯使了个"引蛇出洞"之计。

原来，包拯在接到牛主人的状告后就马上意识到，这一定是仇家所为。如果让牛主人把牛杀了，就触犯了法律，那仇家就一定会来告发，所以包拯借此引诱割牛舌者前来告状。事实证明，此计果然灵验。

割牛舌案使包拯自此名声大振。

聆听家训

> 昔①人谓②文有三长，才也，学也，识也。
>
> ——[明]方弘静《方定之家训》

①昔：以前，从前。
②谓：说。

译文

以前有人说做学问的人有三个方面的特长，即才华、学问、见识。

小叮咛

包公用"引蛇出洞"之计使得割牛舌者主动状告，这跟他知识渊博、分析推理能力强是分不开的。小朋友，"文有三长"，指的是具备学习的能力，掌握渊博的知识，以及懂得对是非曲直的判断。其实这些都告诉我们读书要讲究策略和方法。

夫学须静也，才须学也，非学无以广才，非志无以成学。

16. 人不学，不知道

鲁迅在三味书屋

鲁迅小时候非常淘气。一天，镇里的戏台正在排戏，鲁迅听到外面的锣鼓声，便在家里坐不住了，趁着父亲不注意，他一溜烟儿跑到戏台前看热闹。戏台前挤满了人，突然，热闹的锣鼓声戛然而止，从后台走出一个人，对台下一拱手，说："哪位小兄弟愿意上台？我们让他客串阎王殿里的小鬼。"那些平时非常调皮的孩子这会儿却你推我、我推你地谦让起来。

"我来！"鲁迅自告奋勇地走上台去，让戏班的人画了个花脸，然后拿起一把钢叉就舞起来，戏台下马上响起叫好声。他得意极了，舞得更带劲儿了。小伙伴们都非常佩服他的勇气。

12岁那年，鲁迅被父亲送进一所叫"三味书屋"的私塾读书。初入学时，鲁迅对百草园中的那

三味书屋

些小精灵非常感兴趣。他想起古人东方朔说过，有一种虫叫"怪哉"，用酒一浇，便会消失不见。鲁迅非常好奇，便悄悄地问私塾先生："先生，这'怪哉'虫是怎么一回事呢？"

鲁迅满怀期待地望着先生。谁知先生却把脸一板，很不高兴地回答："不知道！"

后来，鲁迅慢慢了解到，先生不喜欢学生问各种稀奇古怪的问题，他认为学生应该把心思放在读书上。于是，鲁迅开始刻苦读书。先生看在眼里，起初十分严厉的他开始喜欢鲁迅的聪明刻苦，态度渐渐和蔼起来。

鲁迅为了勉励自己学习，制作了一张小书签，书签上有十个正楷小字："读书三到：心到、眼到、口到。"读书时，他把书签夹在书里，每读一遍就从上往下盖掉一个字，读过几遍之后，就用默读来加深对课文的理解，用不了多久，他就能熟练地把课文背出来了。后来，同学们也都向鲁迅学习，纷纷制作"读书三到"的书签。

聆听家训

众人之生性中皆有仁义礼智，惟学乃能知其理而造其道①，贤人君子皆由此致。若不解学问，则懵然②蚩蚩③之民。

——[元] 王结《善俗要义》

①造其道：提高道德修养。
②懵（měng）然：无知的样子。
③蚩蚩：敦厚的样子。

人的天性中都有仁、义、礼、智这些品质，但只有学习才能明白其中的道理并提高个人的道德修养，那些贤能、有品德的人都是通过不断学习才实现的。如果不懂得学问，那就只能是懵懂无知的老百姓。

小朋友，社会在发生着日新月异的变化，在这个知识大爆炸的时代，若是不学习，结局只能是被淘汰！鲁迅"读书三到"的小书签，让我们印象颇深。小朋友，我们必须像鲁迅那样严格要求自己，不断地吸收、更新知识，才能"知其理""造其道"，不断提升、完善自己，才能不被淘汰。

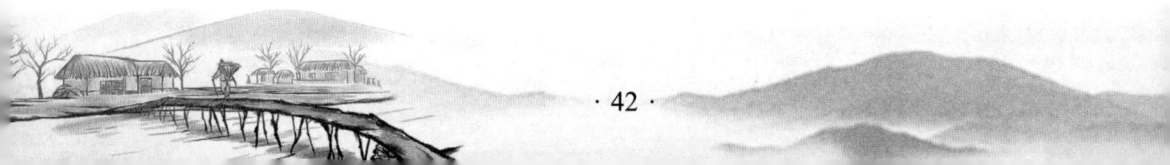

17. 勤能补拙

学贵有志

在英杰辈出的中国近代史上，曾国藩是颇具魅力的一位大儒，又是一位文可治国、武能安邦的奇才。他 27 岁就中进士步入仕途，37 岁官至二品，十年七迁，连跃十级，一路开挂，扶摇直上：两江总督、直隶总督、武英殿大学士……总之，身上好多好多光环。

哇！这么优秀的曾国藩，肯定从小就天赋异禀吧？其实并非如此。与同时代的人物相比，曾国藩资质并不出类拔萃。据说他小时候读书，一篇文章要反反复复读好多遍才记得住。

一个盛夏的夜里，曾国藩的书房溜进一个小贼，翻箱倒柜找东西，恰好这时，曾国藩从私塾回来了。小贼听见脚步声，赶紧藏到床底下。曾国藩进了书房后，就开始复习当天学过的内容。特别是有一篇文章，不长，他一遍又一遍地读，可就是记不住！

起初，小贼耐着性子躲在床底下不敢出声，想等主人睡着后再捞点好处就走。等啊等啊，一直等到后半夜，主人依旧翻来覆去在背同一篇文章。这可苦了小贼，炎热的夏天，他躲在床底下满身是汗。

小贼实在控制不住自己了，他从床底下钻出来，拿过曾国藩手中的书恶狠狠地摔在地上，并对着他劈头盖脸地一顿怒骂："就你

43

这点破水平，还读什么书？我在床底下听都听会了！"说完，小贼将那篇曾国藩背了大半夜还背不会的文章流利地、一字不差地背诵了一遍，背完之后扬长而去！

曾国藩傻了眼，直愣愣地看着小贼离去的背影，羞愧难当。

从此以后，曾国藩立志更加努力学习。勤能补拙，正是一生的好学，才成就了这位晚清中兴一代名臣。

聆听家训

日用循习①，始终靡间②，心志自是开豁，文采自是焕发，沃根深而枝叶自茂。

——[明]孙奇逢《孝友堂家训》

①循习：反复练习。
②靡（mǐ）间：不间断。

译文

每天运用，反复练习，自始至终从不间断，心胸自然就开阔，文采自然就焕发；肥沃的根扎得深，其枝叶自然就很茂盛。

小叮咛

孙奇逢认为，读书要反复练习不间断；曾国藩虽然天赋不高，却以勤补拙，虚心好学。小朋友，"勤能补拙是良训，一分辛苦一分才"，孙奇逢和曾国藩的学习之道，在今天仍值得我们学习和借鉴哦！

18. 学习要有志向

沈括上山看桃花

沈括是我国北宋时期著名的科学家，出生在官宦之家的他，幼年时期便跟着父亲宦游各地，增长了很多见闻。

沈括从小就爱思考，对大自然表现出强烈的兴趣和敏锐的观察力。当他年少时读到唐代大诗人白居易的"人间四月芳菲尽，山寺桃花始盛开"两句诗时，眉头凝成了一个结，心里很是疑惑："为什么我们这里的花都凋谢了，山上的桃花才开始盛开呢？"

下课后，这个问题一直萦绕在小沈括的心头，同学们见小沈括在思考，也一起讨论起来。

"人间桃花谢了，而山寺的桃花正盛开，那是因为山里住的是神仙！"其中一个小孩兴奋地说道。

"不，山里住着和尚，应该也是人间呀！"另一个小孩反驳道。

大家你一言，我一语，不停地讨论着。

为了解开这个谜团，沈括提

花卉图（清·赵之谦）

议道："我们还是到山上去看看吧！"他约了几个小伙伴，决定上山实地考察一番。

四月的山上，乍暖还寒，凉风袭来，冻得人瑟瑟发抖，和山下的暖暖春意形成鲜明对比。

沈括茅塞顿开：原来山上的温度比山下要低很多，因此花季才比山下来得晚呀！

正是凭借这种求索精神，沈括最终成了一名博学多闻的学者，还写出了《梦溪笔谈》这部具有世界影响的名著。

◉聊听家训

夫学须静也，才须学也，非学无以广才①，非志无以成学。

——[三国]诸葛亮《诫子书》

①广才：增长才干。

◉译文

学习必须静心，而才干来自学习，不学习就无法增长才干，没有志向就无法使学习有所成就。

◉小叮咛

小朋友，"非志无以成学"，学习要有志向，你要是也能像沈括一样不断求索、不断学习，相信将来肯定也会有一番作为的！好学不倦，善于思索，这些都是求知路上必不可少的要素。小朋友，趁着青春年少，发奋学习科学文化知识，这是我们目前的要紧事哦！

19. 读书百利而无一害

诸葛亮喂鸡

诸葛亮小时候既聪明又好学，他跟着当地最有学问的水镜先生司马徽学习诗书兵法。诸葛亮每天一大早便到水镜先生家学习。那时候没有钟表，没有下课铃，水镜先生就训练了一只公鸡，每到中午它就会"喔喔喔"按时啼叫。

诸葛亮天资聪颖，水镜先生讲的东西，他一听便会，解不了求知的饥渴。为了学到更多的东西，他想让先生把讲课的时间延长一些，但先生总是以公鸡鸣叫为准。这可怎么办呢？

一天放学后，诸葛亮正想找那只公鸡出出气，却见司马夫人前来喂食，公鸡立马就安静了。于是，聪明的诸葛亮就想：要是我也给公鸡喂点吃食，它鸣叫的时间不就延后了吗？那样先生讲课的时间不也就延长了吗？

于是，第二天上学时，诸葛亮就在口袋里装了些小米。等到公鸡差不多要打鸣时，就赶紧往窗外撒一把小米。公鸡一看到有吃的，哪里还顾得上打鸣，只管尽情地啄米吃。等公鸡吃得差不多了，诸葛亮又撒了一把米，直到口袋里空空如也。

"喔喔喔——"公鸡终于打鸣了。下课啦！水镜先生推开内室，却见妻子正瞪着眼睛问他："今天怎么这么晚才下课？""公鸡不是刚刚才打鸣吗？"水镜先生指了指窗外答道。"明明过了一个多时辰了，我的公鸡向来很准时的呀？"妻子觉得奇怪，于是打算一探究竟。

第二天临近晌午，她悄悄躲在窗户边观察。等公鸡正要啼叫时，一把米从窗口飞了出来，公鸡津津有味地啄起米来，快吃完了，一把米又从窗口飞出……原来如此！

等诸葛亮下课回家后，妻子就把这件事一五一十告诉了水镜先生，并说："你这个老糊涂呀，被耍了都不知道！诸葛亮这小子，真是个精灵鬼呢！"

水镜先生哈哈笑起来："我果然没有看错人呢！这小子将来一定有大出息呀！"水镜先生得知诸葛亮这么勤奋好学，此后就天天给他"开小灶"了。

聆听家训

天下之事，利害①常相半。有全利而无少害者，惟②书。不问贵贱、贫富、老少，观书一卷则有一卷之益，观书一日则有一日之益。故有全利无少害也。

——[宋]倪思《经钽堂杂志》

①利害：利益和损害。
②惟：只有。

天下的事，常是利弊各得其半。全是好处而没有一点害处的，只有看书。不问人的贵贱、贫富、老少，读一卷书就有一卷书的益处，读一天书就有一天书的益处。所以说读书全是好处而没有一点害处。

小叮咛

诸葛亮喂鸡是为了多点时间，多学点东西，最后成就了他的足智多谋。小朋友，读书是一件百利而无一害的事，愿你能日日与书相伴，选择健康的书籍，"发奋识遍天下字，立志读尽人间书"，才能"有全利无少害"啊！

20. 善始善终

少年陶行知

陶行知幼时聪明伶俐，但因家境贫寒，6 岁时仍未进私塾读书。他对书画有很强的领悟力，每每看到对联字画，就用竹条在地上描摹。一日，附近开馆教书的一位私塾先生见陶行知写得有模有样，非常喜欢他的聪明好学，便免费收他为学生。

8 岁时，陶行知因父亲工作关系被送到外婆家常住。外婆见他聪颖好学，就把他送到学堂学习。在这里，陶行知接受了启蒙教育，也练出了一手好书法。

10 岁时，父亲丢了工作，陶行知只得半工半读。他每天要砍一担柴，挑到城里卖掉后再去上学，每天往返 20 里。陶行知深知读书对于穷孩子来说是多么不易，因此学习更刻苦自觉。他听说离家 15 里的小南海航埠头，有一位满腹经纶的清朝贡生王老先生，便前去求学。王老先生被他的诚意所感动，便免费收他为徒。从此，陶行知便雷打不动定期来听王老先生讲课。

15 岁那年，崇一学堂校长见陶行知勤奋好学，便允许他免费进入学堂读书。在崇一学堂期间，陶行知既学现代科学知识，又没丢下古典文学。一次，校长问他："中国诗人你最喜欢谁？"他不假

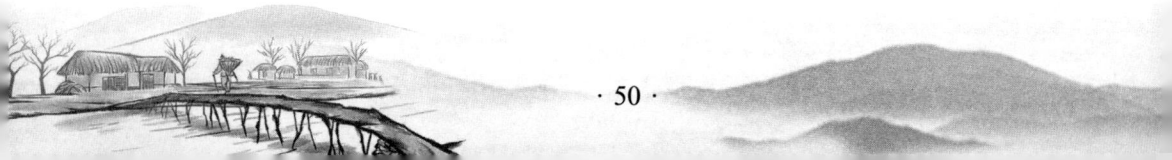

思索地回答："杜甫和白居易。杜诗沉郁有力，忧时伤国；白诗通俗易懂，道出民生疾苦。"校长为陶行知有这样的想法而感到惊奇，认为陶行知一定会有所作为。

果然，陶行知最终成了我国伟大的人民教育家。

聆听家训

人生惟有常①是第一美德。年无分老少，事无分难易，但行之有恒，自如种树畜养，日见其大而不觉耳。

——[清]曾国藩《曾国藩家书》

①有常：有恒心。

译文

人生唯有有恒心是第一美德。年纪不分大小，事情无论难易，只要持之以恒，自然就会像种树和养殖一样，看着它们天天长大却没有察觉罢了。

小叮咛

小朋友，学习目标能否实现，很大程度上取决于你能否做到善始善终，世上有许多成功的例子可以说明。读书对人的影响往往是潜移默化的，或许当下你未有察觉，但只要你有恒心、有毅力，久而久之，总能给你惊喜。

21. "早起"与"有恒"

岳飞学艺

岳飞出生于北宋末年，家境贫困，靠租种别人的田地过日子。他八九岁时，就跟着父亲在田间劳作。虽然生活艰苦，但岳飞生性爱好读书。白天，趁劳动的间歇，他就手捧书本阅读，或在泥地上练字；晚上，他更是专心攻读，有时竟通宵达旦，忘了睡眠。

穷人子弟读书颇不容易。比如买不起灯油，岳飞就把白天在野外拾来的柴火点燃，当灯照读。穷人家没有藏书，岳飞就千方百计地去借、去抄。岳飞凭着刻苦好学的精神、持久不懈的努力，没过几年，他便读了很多书。岳飞最为感兴趣的，是读史书和兵法，如《春秋左氏传》《孙吴兵法》等等。岳飞对这类书爱不释手，他反复阅读、不断推敲，力求能深刻理解思想内容，掌握书中的要领。

少年岳飞体格健壮，是个习武的好苗子，或许这正是源于经年累月的劳作。

岳飞

小小年纪的他就具有结实的体质、超人的臂力，据说他能拉满张力300斤的劲弓，能使用张力800斤的腰弩。

当时，辽、夏经常对宋朝进行侵扰，社会动荡，国弱民贫，岳飞的外祖父姚大翁一心想把岳飞栽培成一个有出息的人，为国效力疆场。在岳飞11岁时，外祖父就请了全县城闻名的刀枪手陈广，教岳飞抡刀使枪的功夫。岳飞天资颖悟，又不怕艰难困苦，乐于虚心求教，没过多久，他的使枪技艺竟然超过了师父陈广。少年岳飞成为"一县无敌"的枪手。

岳飞练就了枪击本领后，又到过不少地方跟人学射箭。后来，他拜周同为师。周同是岳飞的同乡，他箭术高明，又爱扶贫济弱。他把自己的武艺毫无保留地都传给了岳飞。岳飞夜以继日地勤学苦练，在周同的指点下，进步神速。

一日，周同集合众门徒比试武艺。他开弓先射，连发三箭，三箭都中在靶上。轮到岳飞射箭，他引弓一箭，射断周同集在靶上的箭矢，再一箭，正中靶心。周同非常惊讶，没想到岳飞在这么短的时间内就超过了自己。他为岳飞的进步迅速而感到高兴，便把自己珍爱的两张弓赠送给了岳飞，期望自己最心爱的门生将来能驰骋沙场，建功立业，扬名立万。

从小靠勤学苦练打下的扎实功底，成就了岳飞一生的荣耀，让他能够在复杂的战役中找到关键的突破点，一击即中，从而最终赢得战役的胜利。

勤字功夫，第一贵早起，第二贵有恒；凡将相无种①，圣贤豪杰无种，只要人肯立志，都可以做得到的。

——[清]曾国藩《曾文正公家训》

①无种：不是天生的。

译文

说到"勤"字的造诣，首先贵在能早起，其次贵在坚持不懈。历史上那些王侯将相都不是天生的，圣贤豪杰也不是天生的，只要一个人肯立下远大志向，都是可以做到的。

小叮咛

小朋友，少年英雄岳飞的成就来自他"精忠报国"的思想和勤学苦练的毅力。"书山有路勤为径"，勤能让我们奋起直追，载着我们到达成功的彼岸。那么，如何落实到勤呢？曾国藩明确提出：第一是早起，第二是有恒。只有坚持这两点，什么事情都容易做成啦！

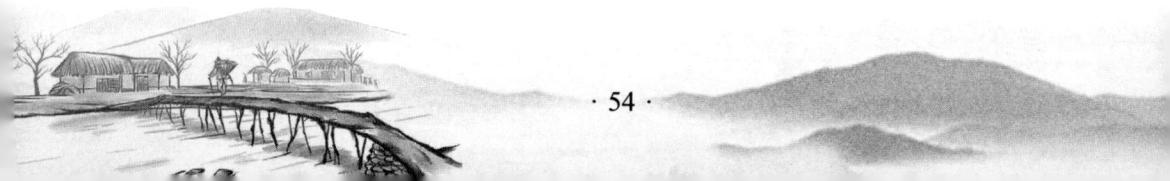

22.读书贵在持之以恒

陶宗仪积叶成书

陶宗仪是元朝末年的著名学者，他是浙江黄岩人。年少时，他便发愤读书，刻苦钻研学问，家境贫穷的他希望有一天能平步青云，光宗耀祖。

后来，他赴京参加科举考试，却因为议论政事而落了榜。从此，他抛弃了做官的梦想，与妻子回到老家泗泾南村，一边务农，一边开馆授课，过着清苦的生活。

他的田地边上，有一棵枝繁叶茂的大树，外面骄阳似火，树荫下却凉爽异常。加上陶宗仪博览群书，见多识广，大伙儿劳作之余，都喜欢来他田边的树荫下休息，听他吟几首诗，诵几篇文，讲几个故事。

这一天，又有三五个农夫席地坐在这棵树下休息，一边喝水，一边听陶宗仪讲其他地方的风土人情。等故事讲完了，大伙儿也休息得差不多了，于是又回田里继续耕作。

这时，陶宗仪忽然想起："我要是把这些故事都记录下来，不就可以让更多的人读到了吗？"可是，仅靠他授课的那点微薄的收入，哪买得起纸啊！

正在陶宗仪一筹莫展之际，一阵风吹来，吹下了几片叶子，正好落在他的脚边。陶宗仪拾起一片叶子，呆呆地注视了一阵子。忽然，他灵机一动："叶子不就是纸张吗？"

从此，他每天都要捡回一些树叶，把自己知道的或是从别人那里听来的故事记录在树叶上。等到树叶上写满字的时候，他就小心翼翼地把它们压平、晾干，储存在罐子里。一罐子放满了，就埋到院中。

就这样，日复一日，年复一年，陶宗仪笔耕不辍。不知不觉十年过去了，写满文字的树叶竟积满了数十个罐子。

后来，在他学生的帮助下，他将这些树叶上的文字分门别类，抄录整理，编成了一部30卷的《南村辍耕录》。这部书包罗万象，

耕　图

琴棋书画、字帖碑刻、语言文字、风土人情、逸闻轶事，几乎无所不有，成为后人研究元末明初科技、经济、政治、历史、文化、民风民俗的重要典籍。

聆听家训

学者当有日新之功。所谓日新之功，唯有常程，不贪多而务博①，不一曝②而十寒，积以悠久，自然日新。

——[宋]倪思《经鉏堂杂志》

①博：丰富，多。
②暴(pù)：晒，曝晒。

译文

读书人应当有不断学习新知识的功力。所说的这种不断学习新知识的功力，只有持之以恒，不贪图多但要力求广博，不可一曝十寒。长久这样地保持下去，自然就能取得进步。

小叮咛

"一曝十寒"常用来比喻修学、做事一时勤奋、一时懒散，没有毅力和恒心。这种做法是不可取的。小朋友，不管读书还是学习技艺，只有持之以恒，才能日益精进，收获意想不到的成绩。

23. 为学之功，在于日新

爱学习的康熙皇帝

康熙皇帝像

爱新觉罗·玄烨，就是康熙皇帝，他是我国历史上文德武功卓著的帝王之一。他从小就喜好读书，热心书法，喜爱典籍。5 岁时，他就进入书房开始读书。他读书十分认真，每天都会坚持温习旧知识，学习新知识。但凡遇到一个字不理解的，他就虚心求教，直到弄懂为止。

康熙总是惜时如金，一读起书来就不知疲倦。在平定三藩动乱期间，康熙军政事务十分繁忙，累到生病吐血。养病期间，他仍然手不释卷。大臣们都劝他好好休息几天，康熙坚决不同意。他说："读书是花苦功的事，只有功夫不断，学习才能有长进。如果停学多日，学业就荒废了，那就前功尽弃了。军务虽忙，但是时间总是可以挤出来的。"

有一天，康熙皇帝到南方巡视，船泊南京燕子矶。当时已是夜深人静、万籁俱寂，康熙的船上却依然灯火通明，原来他还在与高士奇兴致勃勃地谈论经文呢！三更已过，高士奇怕皇上劳累过度，就打算起身告辞。康熙却笑了笑，说："刚刚与你探讨的这个问题，要是今天弄不明白，我也睡不着啊！我从5岁开始读书，每天已经习惯了晚睡。读书可以陶冶性情，增长见闻，真是乐趣无穷啊！即便是稍有倦意，也被赶跑啦！"

巡视期间，不论是官员还是普通百姓，只要是有学问的，康熙都愿意与他们一起研讨，他因此发现了不少人才呢！

康熙读书非常广泛。经史子集、音律诗画，他都有所研究，他还对自然科学特别感兴趣，数学、天文、历法、物理、地理、农学、医学、工程技术，他都爱涉猎研究。当时，西方科学知识被源源不断地输入中国，康熙在治理国家的过程中，越来越意识到科学的重要性，便苦学自然科学。他亲自召见外国传教士中明白自然科学的徐日升、张诚、白晋、安多等人，邀请他们轮流到养心殿进行讲学。即便每次外出巡视，他也会邀请张诚等人随行，一有空闲便向他们请教。

康熙不仅自己酷爱读书，而且在臣民中大力倡导读书之风。他常常告诫大臣们，只有多读书才能长见识、明事理，才能更好地治理国家。他对自己的子孙也是严格要求。他为皇子们亲自选定老师，要求他们勤学用功、虚心求教，学习为人处世、处理政务、行军打仗的技能。

学而能日新,则缉熙①不已②,造次③无忘,旧习渐渐而消,至趣循循④而入,欲罢不能,莫知所以然而然。

——[清]爱新觉罗·玄烨《庭训格言》

①缉(jī)熙:光明。
②已:停止。
③造次:仓促,匆忙。
④循循:有顺序的样子。

译文

如果学习且每天都能有新的收获,那么就会常有光明,即便是匆匆忙忙也会使学过的东西牢记在心,以前的不良习惯会慢慢消失,学习的兴趣将循序渐进地形成,此时就是想不学习都不行,不知道为何会这样却又能这样坚持下去。

小叮咛

"为学之功,在于日新",只有每天都有新的收获,才会不断进步。小朋友,我们应该向爱学习的康熙皇帝学习,珍惜时间,每天都学习新的知识与本领,并不断将此养成一种习惯。久而久之你就会发现,其实读书就是一件轻轻松松、让人欲罢不能的事呀!

24.锁定目标，锲而不舍

哥德巴赫猜想第一人

陈景润小时候经常和哥哥姐姐一起玩捉迷藏。不过，他捉迷藏时有点特别，他常拿着一本书，藏在一个别人不容易发现的角落或桌子底下，一边津津有味地看书，一边等着别人来"捉"他。看着看着，他就忘记了别人，而别人也常常忘记了他。

上学期间，陈景润酷爱数学，他在解题过程中得到了无限乐趣。陈景润对于解题，向来不吝惜时间和精力。别看他平时沉默寡言，但一遇到难题或疑惑就主动向老师请教，毫不羞涩和胆怯。他的求教方式也很特殊：看到老师外出或者老师从高中部到初中部去，他就紧追上去，和老师一起走一段路，一边走一边问问题。

陈景润在福州英华中学求学时，有一位数学老师叫沈元，不但知识渊博，讲课也十分生动有趣。沈老师给同学们讲了一道世界数学难题："大约在200年前，一位叫哥德巴赫的德国数学家提出，'任何一个偶数均可表示成两个素数之和'，简称'1+1'理论。但他一直没有证明出来。后来，他求助于俄国数学家，但俄国数学家也没能证明出来。再后来，哥德巴赫带着遗憾离开了人世，留下了这道悬而未决的数学难题。全世界的数学家争相计算，仍然没有人能证明出来。"沈老师把数学比喻成自然科学的皇后，把"哥德巴赫猜想"比喻成皇后皇冠上璀璨的明珠。沈老师的话激发了陈景润极大的兴趣，为了摘下这颗明珠，他矢志不渝地醉心于数学研究。

多年以后，陈景润如愿以偿进入中国科学院数学研究所。1966年，他发表了《大偶数表为一个素数及一个不超过两个素数的乘积之和》（简称"1+2"），这在"哥德巴赫猜想"研究史上具有里程碑式的意义。他所证明出的定理震动了国际数学界，后来这条定理被命名为"陈氏定理"。陈景润被誉为"哥德巴赫猜想第一人"。

聆听家训

多读书而不受书障，方得理路①透明。

①理路：思路，条理。

——[清]周召《双桥随笔》

译文

书读得多但又不会受到它的阻碍，才能感悟其蕴涵的道理，思路分明。

小叮咛

做学问要有陈景润那样刻苦钻研、锲而不舍的精神，只有这样，才能攻克一个又一个的难关，不断攀登知识的高峰。小朋友，我们在学习中难免会遇到一些困难，应该怎么去做呢？这里有两种方法借鉴：鞭策法、自制法。快快行动起来吧！

故事会

凿壁借光

西汉末年，东海郡（今山东、江苏交界处）有一户贫苦人家，一家老小仅能依靠一小块田地维持生计。可喜的是，家里竟出了一个爱读书的小少年，这个少年就叫匡衡。或许通过匡衡读书考试，一家人的悲苦命运可以从此改变呢！可悲的是，家里穷得揭不开锅，哪有钱供他上学啊！这让匡衡非常苦恼。

后来，匡衡听说村里有一个大户人家，家里有很多藏书。匡衡心动不已，他决定上门求个工作，以换取借书看的机会。

匡衡来到这户人家，一见到主人，就请求主人让自己到他家里干活，苦的累的活都成。主人问他："你要多少工钱呢？"匡衡说："我不要工钱，我可以为

匡衡（明·陈洪绶）

您白干活儿。"主人不解，又问："为我家白干活儿？这对你有什么好处呢？你难道是另有图谋？"

匡衡说："请您别误会。我来这儿干活是为了能够读书。我听说您家里珍藏有很多书，我只请求您能把家中的书借给我读，就算是顶了工钱。您觉得怎么样呢？"主人十分佩服匡衡的求学精神，就答应了他的请求，并吩咐家人，匡衡可以随意从书房借书看。

得知从此以后就有书读了，匡衡别提有多高兴了！他十分感念主人的借书之恩，从此，他白天努力给主人做工，做完工，就向主人借书回家读。可是，匡衡家境贫寒，哪买得起油灯啊！天一黑，匡衡就犯愁了。

匡衡的邻居家境富有，每晚灯火通明，匡衡就去问邻居借烛火。起初，邻居还算慷慨，借了他几回。可没过几天，邻居就吝啬起来了。这可怎么办呢？匡衡又犯愁了。

一天夜里，匡衡看着隔壁邻居家明亮的烛光，烛光把巨大的人影投射到墙上，怪模怪样地在墙上晃来晃去。匡衡忽然灵机一动，脑海里浮出一个主意：我如果在这边偷偷凿个洞，隔壁烛光就能穿墙而过，照射到我这小屋里来，我不就可以借着这点亮光读书了吗？

匡衡找来一把凿子，试探着在自家墙壁下方偏僻处凿了个细小的窟窿。顷刻间，洞口透过一丝微弱的光亮。匡衡兴奋极了，继续在墙上凿洞，以便使更多的光亮透过小洞照进屋里。

从此，一到天黑，匡衡就蹲在小洞边，借着从邻居家透过来的微弱而宝贵的光读书。后来，匡衡成了一位博学多才的学者，并在汉元帝时任太子少傅，官至丞相。

人生小幼，精神专利^①，长成已后，思虑散逸，固须早教^②，勿失机也。

——[南北朝]颜之推《颜氏家训》

①专利：专注集中。
②早教：及早教育。

译文

人在年幼的时候，精神专注集中，到长大成人以后，思想容易分散。所以，对孩子要及早教育，不要错过时机。

小叮咛

古人云："少壮不努力，老大徒伤悲。"世界上有这样一种奇妙的东西，人们总是抱怨它太短暂，短暂到来不及品尝其滋味；人们又总是抱怨它太漫长，漫长到仿佛永远走不到尽头。你珍惜它，它便对你无比慷慨；你忽视它，它便对你无比吝啬。所以，亲爱的小朋友，请务必珍惜年幼的时光，好好读书，多学知识。

26. 学习上要早起步

故事会

鲁迅的读书故事

鲁迅先生从少年时代起，就和书结下了不解之缘，他一生节衣缩食，购置了多册书本。他平时很爱护图书，看书前总是先洗手，书脏了就小心翼翼地擦拭干净。他还特意准备了一套工具，订书、补书样样都会。一本破旧的书，经他整理修缮后，往往面目一新。他平时不轻易把自己用过的书借给别人，若有人借书，他宁可另买一本新书借给人家。

进"三味书屋"前，他在自己的启蒙老师——一位远房叔祖父那里看了不带图的书。这位老师告诉他，有一部绘图的《山海经》，画着人面的兽，九头的怪物……可惜一时找不到了。

这么一部有趣的书，可把鲁迅吸引住了。他念念不忘，梦寐以求，把他的保姆长妈妈也感动了。长妈妈不识字，

鲁迅故里

她探亲回来时，就设法给鲁迅买回了这部书。一见面，长妈妈把一包书递给鲁迅，高兴地说："哥儿，有画的《山海经》，我给你买来了！"

一听这消息，鲁迅欣喜若狂，赶紧把书接过来，打开纸包看了起来。这是鲁迅最初得到的心爱的书。后来，识字渐渐多起来了，他就自己攒钱买书。过年时，鲁迅得到压岁钱后，总是舍不得花，一心要攒起来买书看。

鲁迅读书的兴趣十分广泛，文学、美术、医学、化学、生物、政治方面的书，他都爱看。对于民间艺术，特别是传说、绘画，他也深切爱好。

正因为他自小广泛涉猎，多方面学习，所以时间对他来说，实在非常重要。他一生多病，工作条件和生活环境都不好，但他每天都要工作到深夜才肯罢休。在鲁迅的眼中，时间就如同生命。

因为他的勤奋，鲁迅成了20世纪的文化巨人，他在小说、散文、杂文、诗歌、名著翻译、古籍校勘、木刻等多个领域都有很大的成就。

聆听家训

少壮时读书多记忆，老成①后见识进，读书多解悟②。温故③知新，由识进也。
——[清]冯班《家戒》

①老成：成年后。
②解悟：领会，领悟。
③温故：复习旧知识。

年少的时候读书要多记忆，善于积累，成年后不断增长见识，才能有自己的独立思考与心得体会。温习学过的知识，得到新的理解和心得，人的心智也会有所提高。

小叮咛

一生中最美好的时光莫过于青少年时期，这个时候正是多学习、多记忆、多积累的大好时期。若青少年时不好好积累，老了恐怕就力不从心了。小朋友，希望你像鲁迅那样如饥似渴地求知，多多汲取知识的养分。

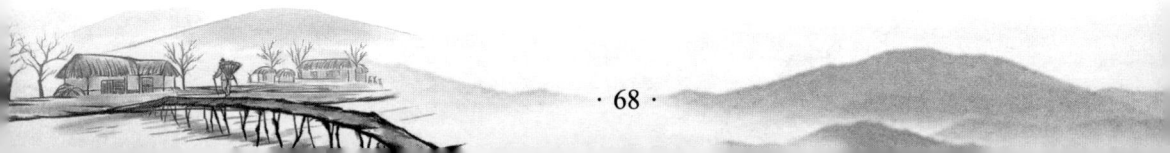

27. 读书能修身养性

痛改前非的周处

西晋有个少年叫周处，因为自小没有人管束，又不肯读书，整日游手好闲，在乡里强横凶蛮、争强好斗。乡亲们谁都不敢招惹他，见了他就像躲瘟疫似的，都说他是本地的一大祸害。

有一天，周处又在外面瞎溜达，一路上，他看见人们都闷闷不乐的，就逮住一个老人问道："今年收成这么好，怎么大伙儿还是愁眉不展的呢？"老人抬眼一看是周处，就没好气地说："'三害'都还没有除掉，有什么好高兴的？"

周处一听"三害"，好奇劲儿就来了："你说的'三害'是什么？"老人说："南山上有只猛虎，是一害；长桥下有条巨蛇，是二害；加上你，不就是三害么！"

周处虽然暗自吃惊，但老人的话也不由得挑起了他争强好斗的心。他想了一想，说："这样吧，我去为大家除掉'三害'！"

大家都以为周处就是随便一说，没想到第二天，他却背着弓箭上山了。刚走到密林深处，周处就听到一阵虎啸。他立马躲到大树后，开弓搭箭，"嗖——"的一箭，正中猛虎前额！他又迅速补发了几箭，没一会儿工夫，猛虎就倒地身亡。周处立马下山告诉乡里人，大家

· 69 ·

得知一害已除，都非常高兴。

又过了一天，周处带着锋利的宝剑来到长桥边，只见巨蛇在水里兴风作浪。周处纵身跃入水中斩杀巨蛇。谁知这条巨蛇难缠得很，它一会儿浮起，一会儿下沉，就这样游了几十里，周处一路紧追。就这样过了三天三夜，周处还是没有回来。大家都以为周处与巨蛇同归于尽了，喜出望外，纷纷庆祝。

然而，就在众人欢呼周处已死的时候，周处突然从水里冒了出来。原来大家不是为自己杀死巨蛇而庆祝，而是为自己与巨蛇同归于尽而庆贺！大家痛恨自己竟到了这个地步！周处猛然醒悟，决定洗心革面，重新做人。

周处斩蛟（近代·马企周）

当时有两个很有名望的人，叫陆机和陆云。周处慕名前往拜师学习，见到他们后，把自己的情况一五一十地相告，并说："我真后悔自己觉悟得太晚，把宝贵的时间白白浪费了。现在想干一番事业，只怕为时已晚。"陆云告诉他："你有这样的想法和决心，前途还大有希望呢！只怕没有坚定的意志，不怕没有出息！"

从那以后，周处跟着两位老师刻苦学习、修养品德，逐渐成了一名有学识、有涵养的有为青年，受到世人的称赞。

多读书则气清，气清则神正，神正则吉祥出焉，自天佑之。读书少则身暇①，身暇则邪间②，邪间则过恶作焉，忧患及之。

——[明]吴麟征《家诫要言》

①暇：闲散懈怠。

②邪间：歪邪趁隙而入。

译文

一个人多读书就会气息清朗，气息清朗就会神色纯正，神色纯正就会有吉祥的事发生，自有上天保佑。读书少则身体懈怠，身体懈怠则歪邪趁隙而入，歪邪趁隙而入就会做出恶事，忧患也就到了。

小叮咛

人为什么要读书？对于这个问题，不同的人自然有不同的答案。读书不仅能开阔视野，更能让我们明事理，辨是非，修养性情。小朋友，被大家称为"三害"之一的周处，都能痛改前非，成为一名有学识、有涵养的有为青年，何况处在新时代的我们呢？希望你能从小多读书，多读好书哦！

28. 得少闲，即读书

牛角挂书

李密祖上本是北周和隋朝贵族，而到了他这一代时，已经衰落了。凭借着祖上的荫庇，李密大概 15 岁时得到了一个武职，在隋炀帝宫里当差。

年少的李密好奇心很强，刚到宫中，对身边的事物都充满了好奇心，总是左顾右盼、问这问那。有一天，隋炀帝看到李密后，觉得这少年天性太活跃，一点儿也不安分，怕他在宫里惹事，就将他赶出宫去了。

没有生活来源的李密，只得以给别人放牛为生。他不甘心就此潦倒一生，一边放牛一边发奋读书。赶牛的时候，李密一手捧着书，一手拿着牛鞭；牛吃草的时候，他就坐在山坡上或者骑在牛背上看书。

由于没有老师，他只能自己慢慢琢磨。一天，他听说缑（gōu）山住着一位叫包

宁波天一阁收藏的《汉书》

恺的饱学之士，于是决定前去向他求教。李密骑在牛背上，把一套《汉书》挂在牛角上，手里又拿了一册书，一晃一晃地边赶路边读。

恰好这时，越国公杨素骑着马经过李密身边，他看到眼前的少年如此用功，便悄悄勒紧马缰绳在后面跟了好一会儿。李密一心读书，竟一点儿也没有察觉身后有人跟随。杨素见李密自始至终这么投入，便赶上前去，忍不住赞叹道："哎呀，这是谁家的少年啊？如此刻苦可不多见啊！"

李密回头一看，原来是越国公，在宫中当差时见到过的，于是赶紧从牛背上跳下来行礼，礼貌地回答说："越国公您好，我是李密，曾在宫里做过侍卫。"杨素问李密在读什么，李密恭恭敬敬地告知他，自己正在读《汉书·项羽传》。

霸王项羽

杨素本以为他是个死读书的呆头书生，不料在交谈中，发现李密学养深厚、谈吐不凡，对人对事很有自己独特的见解，对他很是欣赏。回家后便对儿子杨玄感说："李密是个勤奋好学的好孩子，我看他的学识才能，在你之上，你一定要多和他交往啊！"

后来杨玄感果真前来结交李密，两人成了好朋友。

得少闲，即读书，细心看《大全》，温①诵古今文字，有所见，即作文以发之，勿游闲过日。

①温：温习，复习。

——[清]吕留良《吕晚村先生家训》

■■译文■■

人只要一有空闲，就应该读书，认真仔细地读《大全》，温习诵读古今的文章。一旦有所见闻，就应该把它写下来，千万不能游手好闲度日。

■■小叮咛■■

小朋友，看了上面的故事和家训，你是不是也有自己的感悟和启发呢？岳飞将军曾在《满江红》里说道："莫等闲、白了少年头，空悲切！"还等什么？"得少闲，即读书"，让我们一起在知识的海洋中遨游吧！

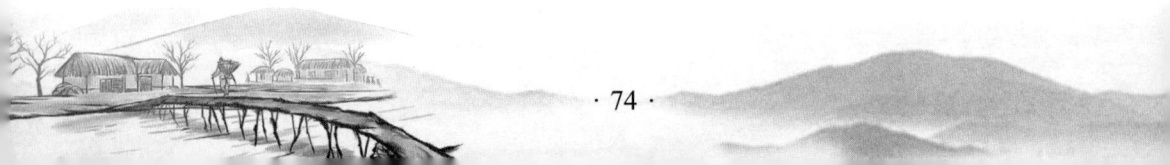

29. 珍惜每一寸光阴

毛主席爱读书

几十年来，毛主席一直很忙，可他总是挤出时间，哪怕是一分一秒，也要用来看书学习。

他的中南海故居，简直是书天书地：办公桌上，饭桌上，茶几上，卧室的书架上，到处都是书；床上除一个人躺卧的位置外，其他全都被书占领了。

为了读书，毛主席把一切可以利用的时间都用上了。在下水游泳之前活动身体的几分钟里，有时还要看上几句名人的诗词。游泳

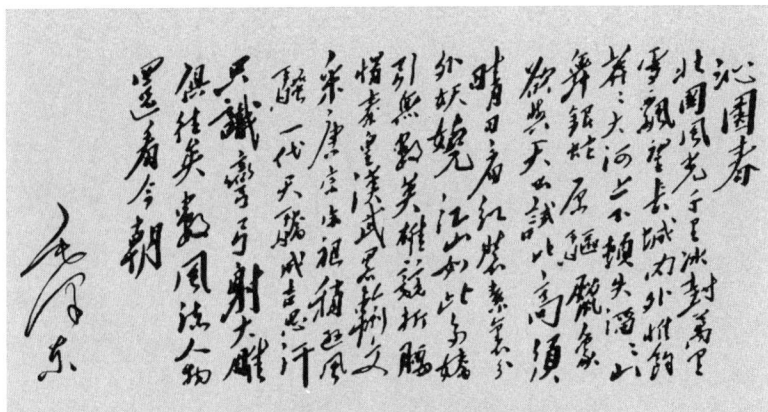

毛泽东《沁园春·雪》手迹

75

上来后，顾不上休息，就又捧起了书本。连上厕所的几分钟时间，他也从不白白地浪费掉。一部重刻宋代淳熙本《昭明文选》和其他一些书刊，毛主席就是利用这一点点间歇的时间，今天看一点，明天看一点，一点一点断断续续看完的。

毛主席外出开会或视察工作，常常带一箱子书。途中列车震荡颠簸，他全然不顾，总是一手拿着放大镜，一手按着书页，阅读不辍。到了外地，同在北京一样，办公桌上、饭桌上、茶几上、床上都摆放着书，一有空闲就拿起来看。

毛主席晚年虽然重病在身，仍不废阅读。他重读了中华人民共和国成立前出版的从延安带到北京的一套精装本《鲁迅全集》及其他许多书刊。

有一次，毛主席发烧到39摄氏度多，医生不准他看书。他难过地说："我一辈子爱读书，现在你们不让我看书，叫我躺在这里，整天就是吃饭、睡觉，你们知道我有多么难受啊！"工作人员不得已，只好把拿走的书又放回他身边，他这才高兴地笑了。

聆听家训

自首春①以及岁晚②，无有旷日③。每思进修之益，必提撕④警诫，斯领受亲切。

——[清]爱新觉罗·玄烨《庭训格言》

①首春：年头。

②岁晚：年尾。

③旷日：耗费时日。

④提撕：提醒，警觉。

从年头到年尾，没有一天耽搁。每每想到进德修业的益处非常之大，必定提醒告诫，使你们能够深刻体会。

■小叮咛■

小朋友，毛主席是中华人民共和国的领袖，工作再忙也从不放弃读书，我们青少年更不能虚度光阴，否则到老的时候，后悔也无济于事。你瞧，从古到今，那些取得成功的人，都是争分夺秒地学习，没有一天耽搁。我们何不以他们为榜样，走进知识的海洋，体会进德修业的益处，享受学习的快乐呢？

30. 读书是门可贵的技艺

蒋士铨读书

　　蒋士铨是清代中叶颇引人注目的文学家、戏曲家。他出生时，虽然家境清寒，但父母都知书识礼，使他从小就接受了良好的家庭教育。

　　蒋士铨 4 岁时，母亲钟令嘉就教他读"四书"。当时蒋士铨年纪尚小，不会握笔，母亲便将竹枝削成丝，再弯曲成横、竖、撇、捺等各种汉字笔画，组合成汉字教儿子认读。教会了，就把它拆掉另拼，每天都坚持教 10 个字。到了第二天，又叫蒋士铨用竹丝把前一日教的字一一拼出来，直到拼写正确才罢休。母亲教他读书时，总是身边放着纺织工具，膝盖上放着书，一边纺织，一边给他讲解。

　　蒋士铨 6 岁时，母亲便教他握笔练字。9 岁时，母亲教他读《诗经》《礼记》

闲庭教子图（清·冷枚）

《周易》，并让他和别人家的孩子一起背诵。尤其使人感到奇怪的是，如果母亲生了病，只要一听到蒋士铨的琅琅读书声，病情就会减轻许多，甚至痊愈。

蒋士铨的父亲是位秀才，而且有名士遗风。蒋士铨10岁时，父亲就将他缚于马背，带他游历燕、赵、秦、魏、齐、梁、吴、楚，让他目睹崤函、雁门的壮丽多姿，历览太行、王屋的奇丽胜景，随后安排他在泽州凤台秋木山庄的王氏楼就读。凤台王氏是富甲一方的大户，家藏图书十分丰富，蒋士铨在这里仿佛鱼儿到了海洋，尽情徜徉，尽阅所藏，打下了深厚的文学功底。

15岁时，蒋士铨就修习完了《诗经》《尚书》《周易》以及"三礼""三传"等九经，同时还会自己作诗。

蒋士铨就是在这样的教育环境中长大成人的。他能诗能文，与袁枚、赵翼两位杰出诗人并称"乾隆三大家"，他的《忠雅堂诗集》存诗2569首；他还擅写戏曲，存有《红雪楼九种曲》等49种，在戏曲史上有很大的影响。

聆听家训

伎①之易习而可贵者，无过读书也。世人不问愚智，皆欲识人之多，见事之广，而不肯读书，是犹求饱而懒营馔②，欲暖而惰裁衣也。

——[南北朝]颜之推《颜氏家训》

①伎：技艺，才能。
②馔（zhuàn）：食物。

各种技艺中最容易学会又值得推崇的，就是读书。世上的人不管是愚笨还是聪明，都希望自己多认识人，多见识事，但是又不肯读书，这就好比想吃饱却懒得做饭，想穿暖却懒得裁衣一样。

小叮咛

懂得向上攀登的人，总能最先找到成功的途径，那就是多读书学习。读书真是一门可贵的技艺，很多人只是艳羡别人技艺高超，殊不知，这技艺高超的背后是辛勤的付出和艰苦的学习。小朋友，"积财千万，不如薄伎在身"，愿你也尽早习得傍身的技艺哦！

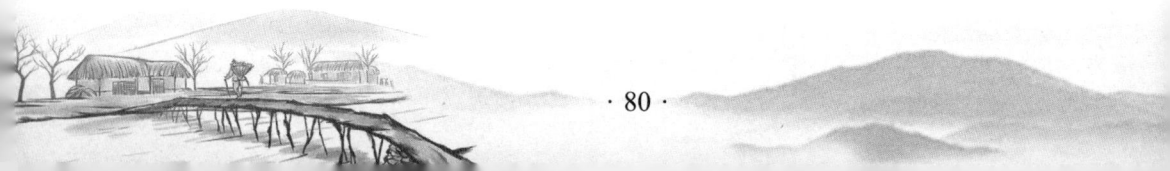

为学之功，有三等焉：汲汲然者，上也；悠悠然者，次也；懵懵然者，又其次也。

31. 博学笃行

故事会

祖冲之刻苦运算圆周率

祖冲之是南北朝时期著名的科学家。他出生在一个科学氛围十分浓郁的家庭，爷爷祖昌是管理朝廷建筑工程的长官，对数学、天文都有研究。祖冲之长在这样的家庭里，从小就读了不少书，大家都称赞他是个博学的青年。他特别爱好研究数学，也喜欢研究天文、历法、机械，经常观测太阳和星球运行的情况，并且做了详细记录。

祖冲之在父亲和祖父的指导下，学习了很多数学方面的知识。一次，父亲从书架上给他拿了一本《周髀（bì）算经》，这是一本西汉甚至更早的数学著作。书中讲到，圆的周长为直径的三倍。于是，祖冲之就用绳子量车轮，进行验证，结果发现车轮的周长比直径的三倍还多一点。他又去量盆子，结果还是一样。

祖冲之雕像

他想，圆周并不完全是直径的三倍，那么圆周究竟比三倍直径长多少呢？在汉以前，中国一般用"三"作为圆周率数值，即"周三径一"。这在计算圆的周长和面积时，误差很大。

祖冲之孜孜不倦地研究，他在刘徽用"割圆术"求圆周率的基础上，运用"开密法"，经反复演算，求出 3.1415927＞圆周率＞3.1415926，这是当时最精确的数值。祖冲之成为世界上第一个把圆周率的准确数值计算到小数点以后第 7 位数字的人。直到一千多年后，这个纪录才被欧洲人打破。

聆听家训

不力行[①]，但学文，长浮华[②]，成何人？

——[清] 李毓(yù)秀《弟子规》

①力行：努力实践。
②浮华：华而不实。

译文

不努力实践，只知道啃书本，就会使自己华而不实，将来会成为怎样一个人呢？

小叮咛

小朋友，要想学有所得，必须努力践行，因为实践是检验真理的唯一标准，只有做到"知""行"合一，将书本上的知识付诸实践，将理论与实践相结合，才能达到为学的目的。

善读好思的徐霞客

1587 年，在江阴（今属江苏）南旸岐村姓徐的一个书香门第，一个男婴呱呱坠地，这个男婴正是后来名扬天下的明朝大地理学家徐霞客。徐家以耕读传家，家境富庶。父亲徐有勉博览群书，是当地有名气的学者，却不愿同权贵交往，也不愿做官。

在父母的影响下，徐霞客从两三岁开始便已见聪颖敏慧，而且好读诗书。父亲徐有勉见儿子这么好学，欢喜得不得了，经常抽时间对他辅导。徐霞客 6 岁进书塾时，就已读完《论语》《诗经》《孝经》。

徐霞客对地理、历史、游历探险方面的书也非常感兴趣。有一天，他从父亲的书柜里找到一本《山海经》，被里面荒诞奇异的故事深深吸引，每天爱不释手。一天上课时，老师给同学们讲解《论语》，徐霞客偷偷翻看起了《山海经》。老师发现后很生气，

徐霞客雕像

就要他复述刚才讲过的内容。哪知徐霞客记忆力超群，竟完整地复述了出来。

又有一次，待老师讲完经书后，徐霞客向老师提出了新的疑问。老师听后大为惊叹，因为从未有人像徐霞客这样系统地提出过问题，他觉得这个孩子善于思考，思维独特，将来肯定不一般。

后来，老师把自己的想法告诉了徐霞客的父亲，父亲也为儿子感到惊奇。他过去认为，徐霞客喜欢看历史、地理方面的书，只是出于好奇，根本没想到，儿子竟然把问题看得这么深入、这么仔细。父亲想起徐霞客曾经跟自己说过，他的理想是"足踏九州，手攀五岳"，原来儿子不是说说而已！

后来，1607—1640 年这 34 年间，徐霞客走遍了大半个中国，包括江苏、浙江、安徽、山东、河北、河南、山西、陕西、云南等16 个省，并将自己的旅行经历写成了震惊世界的巨著——《徐霞客游记》。

宫室之丽，拟于王者

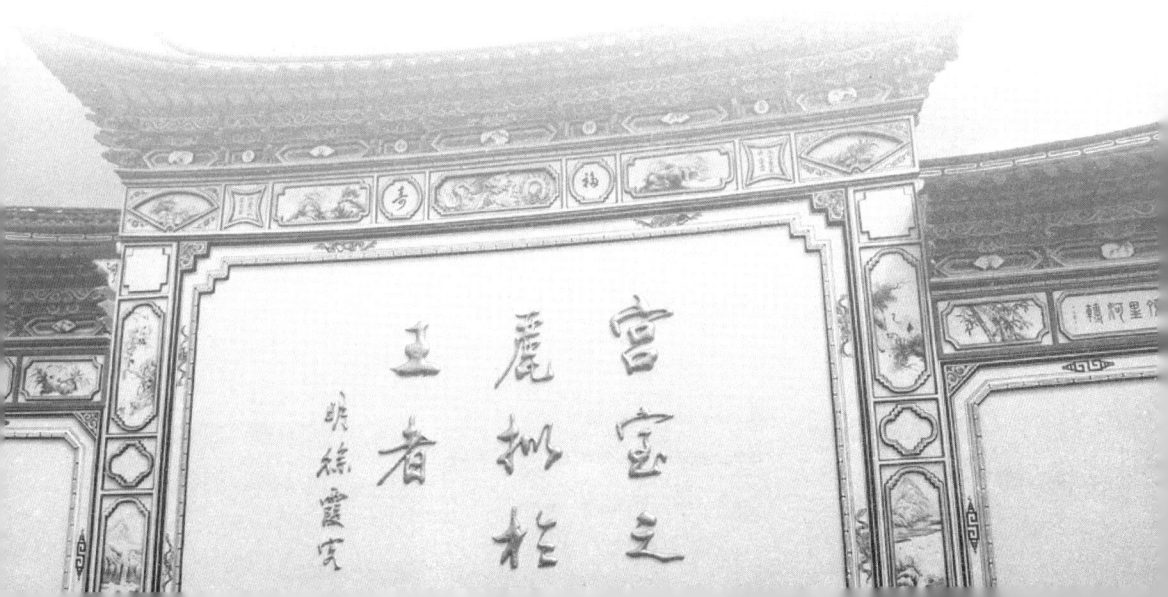

俯①而读，仰②而思，字字要见本源，句句须归自己，不可以识神领会，不可以言语担当，不可以先入之言而疑至理③，不可以邪师之见而乱圣经。

——[明]袁颢《袁氏家训》

①俯：低头。
②仰：抬头。
③至理：精深的道理。

译文

低头读书，仰头思索，每一个字都要追根溯源，每一句话都须成为自己的收获，不可以只从表面去领会深意，不可以仅用言语来承担，不可以用先前的看法去质疑精深的道理，不可以用旁门左道的偏见而乱了神圣的经典。

小叮咛

"俯而读，仰而思"，埋头读了点书，就要仰起头把书中的道理思索一番，这样就有如食物经过咀嚼，更易消化吸收，成为滋养我们身体的养料。像徐霞客这样在善读中善于发现问题，锲而不舍地追根求源，找到答案，才能在现实生活中发现真理。

33. 学而不厌

"书迷"冰心

冰心原名谢婉莹，是福建长乐人，她是我国现代著名的作家、翻译家、诗人。她创造了很多出色的作品，如小说《超人》，诗集《繁星》《春水》，散文集《寄小读者》《樱花赞》等等，还译有《吉檀迦利》《泰戈尔抒情诗选》等。

冰心自小天资聪颖，才思敏捷。她的父亲谢葆璋曾任北洋水师枪炮官、烟台海军学校创校校长，后任中华民国临时政府海军司令部二等参谋官。父亲经常给冰心讲中国与外国侵略者打仗的历史，使她自小就受到了良好的爱国主义教育。她的母亲有很高的文学素养，冰心4岁时便跟着母亲学习汉字。她最喜欢听母亲讲各种故事，如《老虎姨》《牛郎织女》《梁山伯与祝英台》等等。

7岁时，舅舅杨子敬当起了冰心的启蒙老师。杨子敬思想先进，性格开朗，对冰心影响很大。在舅舅的指导下，冰心第一次听到了《黑奴吁天录》，她深深同情黑奴悲惨的命运，并感动于他们强烈的反抗精神。有时候舅舅很忙，她就会自己找书看。当时没有什么儿童读物，她识字又有限，就找大人书架上认字多的书来看。

凡是遇到陌生的字，她就根据语境猜测，竟也能明白全书的大意。她坚持不懈地看、反复地读，读书兴趣有增无减，一本接着一本，一发不可收。到8岁时，她竟然读完了《三国演义》《水浒传》《西游记》《聊斋志异》《说岳全传》《东周列国志》《儿女英雄传》《镜花缘》等。

10岁时，一位姓王的表舅担任冰心的第二任老师。这位表舅博学多识，他告诉冰心，"读书要精而不滥"。那时起，冰心开始攻读《论语》《左传》以及唐诗等经典文学作品。一接触唐诗，冰心就深深地迷上了。她总爱如痴如醉地背诵，甚至还会即兴创作几句诗。

由于冰心父母都是有文化的人，家里的每个房间里都有精彩的墨迹，这对冰心有不少启迪，她还经常学着大人对对子。有一次，老师出上联要学生来答下联。当老师刚一说出"鸡唱晓"时，冰心张口便接了"鸟鸣春"。妙！这让老师惊叹不已，称赞有加。原来，"鸟鸣春"出自"唐宋八大家"之一的韩愈的一篇小序——《送孟东野序》，冰心牢牢记住了其中的"以鸟鸣春，以雷鸣夏，以虫鸣秋，以风鸣冬"的佳句。

正是由于冰心童年时期百学不厌、锲而不舍的求知精神，以及丰富的阅读经历和阅读积累，练就了她优美的文笔和深厚的思想，培养了她独特的气质，同时为她日后的文学创作奠定了扎实的基础。

一边读，一边想，坐则读，闲则记，夜则思量^①；至于与众游适^②，亦念念在此，必求理路透彻而后已。

——[清]高拱京《高氏塾铎》

①思量：思考，考虑。
②游适：游乐。

译文

一边读书，一边思考，坐着就读，有空闲就记，晚上就思考。至于和众人游乐时，也要心心念念在此，一定要条理透彻才罢休。

小叮咛

学习没有结束的时候，大凡成功人士在学习这条道路上都是学而不厌、不知疲倦。小朋友，让我们一起下定决心，从今天开始就制订一个"自学"计划，"坐则读，闲则记"，做一个孜孜不倦、学而不厌的学生吧。

34. 读书必须全神贯注

王羲之练字

王羲之是我国东晋时期的大书法家，被人们誉为"书圣"，他的书法艺术达到了超逸绝伦的高峰。

王羲之自小勤奋好学，笔耕不辍。他 7 岁练习书法，17 岁时把父亲秘藏的前代书法论著偷来阅读，看熟了就练。他每天坐在池子边练字，练完字就在池水里洗笔，天长日久，竟将一池水都洗成了墨色。如今绍兴书圣故里的墨池，传说就是当年王羲之洗笔的地方。

墨　池

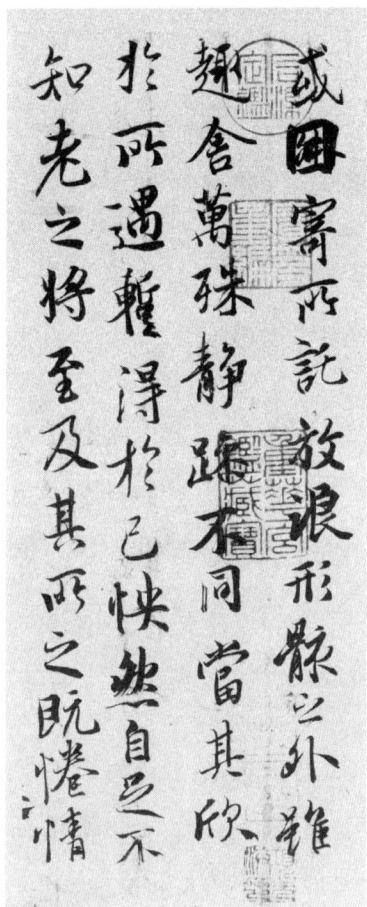

王羲之《兰亭序》局部

王羲之每每练起字来，总是聚精会神，时常废寝忘食。有一次，书童将他的饭菜送到书房，催促王羲之该吃饭了。可王羲之正在全神贯注地练字，哪听得到书童说了什么话。书童没办法，只好去请夫人出马。过了一会儿，夫人来到书房一看，发现王羲之满脸都是黑黑的墨汁，手里还拿着一只蘸满墨汁的馒头，正往嘴里送。

原来，王羲之吃馒头时，眼里看的仍是字帖和自己写的字，心里琢磨的仍是如何下笔，结果竟把墨汁当成了菜汤，蘸着馒头吃起来，自己却浑然未觉呢！

王羲之吃饭、走路甚至睡觉时也总是在揣摩字的结构，不断地用手指在身上画字默写。功夫不负有心人，他博采众长，最终创造出了自成一家的书法字体。

有一次，皇帝要到北郊去祭祀，便吩咐王羲之把祝词写在一块木板上，再让工匠照着雕刻下来。工匠雕刻时非常惊奇，原来王羲之的字笔力遒劲，字迹竟然已渗入木头三分深，他禁不住赞叹："右军将军的字，真是入木三分啊！"

读书当沉潜①涵泳②，探索义理。读书之时，口在是，眼在是，心即在是。

①沉潜：深刻思考。
②涵泳：细细体会。

——[清]郭嵩焘(tāo)《云卧山庄家训》

译文

读书应该沉浸其中，反复玩味和推敲，深入探究文章的含义和道理。读书时要专心，不但要口中诵读，眼睛看着书，还要将心思都集中到书上。

小叮咛

读书有三到，即心到、眼到、口到。心思不在书上，那么眼就看不仔细，心眼不专注，就只是泛泛地读，不可能记住，即使记住也不会长久。所以，小朋友，只有专注，才能取得更大的成就哦！

故事会

韩干学画

　　韩干出生在唐代的蓝田，那儿山清水秀，风景如画，当时长安城很多的贵家子弟经常到那里骑马游玩。

　　韩干出身贫贱，但是自小聪明伶俐。他尤其喜欢画画，一有空便拣根树枝在地上学画。时间久了，他画的动植物、人物都活灵活现。尤其是他画的马，更是形神俱现。认识他的人都夸他是个"小画家"。

　　一天，父亲语重心长地跟他说："孩子，我知道你喜欢画画，我都看在眼里。可是，咱们家穷，请不起老师啊！我想送你到一家酒馆当学徒，你挣点钱，将来也可拜师学画。"韩干欣然应允。为了挣钱学画，韩干每天努力干活，还帮老板去外边送酒、讨账。尽管每天累得不行，但韩干一想起挣足了钱就可以请老师学画画，心里就美滋滋的。每天出去送酒、

牧马图（唐·韩干）

讨账时，他就留心观察街上的马怎么行走、怎么奔跑，走的时候马的肌肉怎么动，跑的时候四只马蹄如何着地等等。一有空闲，他就将看到的画下来。

一天，韩干给王维府上送酒，正好王维外出。韩干左等右等，无聊至极，便随手拣了根树枝在地上画起马来。一匹仰天嘶叫的烈马不一会儿就完成了。

"画得好！"忽然背后传来一阵喝彩。原来是王维回来了。他非常欣赏韩干的才华："小伙子画得不错啊，你很有天赋！"当得知韩干的家事后，王维便决定自己出钱供眼前这位有才华的小伙子去学画。韩干就拜当时的大画家曹霸为师，苦学十年，画技突飞猛进，成了很有名气的画家，后来被召入宫中。

韩干经常跑去马厩，细心观察马的特征和神态，摸索马的习性和动作规律，甚至搬进马厩里和马夫一同住。为了深入研究马的习性，他常常一观察就是好几个时辰，把马的各种细节都弄得清清楚楚，并记录在案。他说："马厩里所有的马都是我的老师。"

韩干善于观察，深入思考，不懈摸索，久而久之，他笔下的马便有了各种体貌、神态和变化万千的动态。

聆听家训

精思。学而不思则罔①，思而不精，犹②之罔也。

——[清]涂天相《静用堂家训》

① 罔：迷惑无所得。
② 犹：仍然，还。

读书要深入思考。如果只一味读书而不思考，就会迷惘无所得；思考如果不深入不透彻，仍然会迷惘无所得。

韩干学画不仅刻苦认真，而且留心观察，深入思考，画技才突飞猛进呢！小朋友，在学习过程中，学和思都不能偏废哦，我们只有把学习和思考结合起来，并且努力勤学、深入思考，才能学到切实有用的知识，取得超乎寻常的收获，否则就会收效甚微。

36. 为学之功

弈秋教棋

弈秋是史上第一个有记载的专业围棋手，也是第一个有记载的从事围棋教育的名人，被誉为围棋"鼻祖"。

弈秋棋术高明，很多年轻人想拜他为师。他收了两个学生。一个专心致志，孜孜矻（kū）矻，诚心学艺，听先生讲课从不敢怠慢。另一个大概只图弈秋的名气，并不下功夫，每每听讲时总是心不在焉，探头探脑地朝窗外看，一心想着鸿鹄能飞过，好张弓搭箭射两下试试。

效果显而易见：两个学生同在学棋，同拜一个老师，前者不多久便学有所成，后者却茫然无知，未能领悟棋艺。

当然，学棋要专心，下棋也得如此。即使是弈秋这样的大师，偶然分心也不行。

有一日，弈秋正在下棋，一位吹笙者从旁边路过。悠悠的笙乐，清越飘扬。弈秋一时走了神，侧着身子倾心聆听。此时正是棋下到决定胜负的时候，笙乐戛然而止，吹笙者探身向弈秋请教围棋之道，弈秋竟一时不知如何对答。不是弈秋不明围棋奥秘，而是他的注意力此刻不在棋上啊！

为学之功，有三等焉：汲汲①然者，上也；悠悠②然者，次也；懵懵③然者，又其次也。

——[清]爱新觉罗·玄烨《庭训格言》

①汲汲：形容急切的样子。
②悠悠：悠闲自在。
③懵懵：糊里糊涂。

译文

做学问有三等：急切地追求学问的，为上等；不慌不忙、闲适自在的，为中等；稀里糊涂、懵懂无知的，为下等。

小叮咛

做事必须专心致志、孜孜矻矻，而不能悠闲散漫，更不能稀里糊涂。就像两名学棋艺者，学习态度不同，收获自然就不同。小朋友，只有对学问保持"汲汲然"的求取态度，才能真正习得知识，领悟其中的奥秘哦！

37.学贵精，不贵博

孔子学琴

孔子年轻时向师襄学琴，学了十来天，仍反复弹着同一首曲子。师襄对他说："这首曲子你已经弹得很不错了，可以学新曲了。"孔子回答说："曲调是学会了，可奏曲的技巧还未纯熟。"

又过了许多天，师襄认为孔子的手法已很熟练，乐曲弹奏得更和谐悦耳了，就说："你已经掌握了弹奏技巧，可以学新曲了。"孔子说："我虽掌握了技巧，可还没能领会此曲的志趣神韵呢！"

又过了许多天，师襄听孔子弹琴，被他精妙的弹奏迷住了。一曲终了，他说："你已经领会了这首曲子的志趣神韵，可以学新曲了。"孔子说："我还未体会出作曲者的风貌呢！"

又过了许多天，孔子请师襄听琴。一曲既罢，孔子若有所思地说：

学琴师襄（清·改琦）

"我知道作曲者的风貌了。此人身躯魁梧，脸庞黝黑，双眸炯炯，仰首望天，一心要感化四方。除了周文王，谁能作出这样的曲子呢？"师襄敬佩不已，连连作揖说："对呀！我的老师曾告诉我，此曲就叫《文王操》！你百学不厌，才能达到如此境界啊！"孔子急忙回礼，说："我现在可以学新曲了！"

聆听家训

学贵精，不贵博。精则左宜右有①，触处即得。若博而不精，譬如牙行②百货俱积，终非己有耳。

——[明]陈其德《垂训朴语》

①左宜右有：指无所不宜。
②牙行（háng）：旧时中介。此指集市。

译文

学习知识贵在精通，而不在于广博。学问功夫精通之后，则无所不宜，所接触的知识都易取得。如果学习广博但不精通，就如集市上的百货不断累积增长，终究不是自己真正拥有罢了。

小叮咛

"学贵精，不贵博"，小朋友，我们在学习过程中要求"精"、求"专"，只有这样，才能达到融会贯通的境地。如果在学习上朝三暮四，学到的东西就会越来越碎片化，任何知识都会不通不透，难成"己有"。

38. 知而不行不算知

好学尊师的颜回

颜回是孔子最得意、最欣赏的学生，他大智若愚，谦逊好学，勤于思考，而且能闻一知十，融会贯通，常常受到孔子的称赞。有一次，鲁哀公问孔子："你的弟子中，谁是最好学的？"孔子不假思索地回答："有一个叫颜回的人，最好学。"

颜回家境贫寒，吃穿住用都非常简陋，每天吃的只是一小碗饭，喝一点水，从来不奢望什么美味佳肴。他住的房子非常陈旧，仅仅能遮风挡雨。

孔子新进门的一位学生总是听师兄们颂扬颜回的学问和品德，便好奇地问孔子："老师，颜回师兄生活环境这么恶劣，怎么还能做学问呢？"孔子想了想，说："是啊，要是换作其他人，在这种情况下早就退缩了，颜回却自得其乐，从来不为贫乏的物

颜 回

质生活所累，把心思精力都投入学业上，他真是个难得的君子啊！"

颜回 14 岁便拜孔子为师，他常以跟老师学习为最大的快乐，并终生尊敬、爱戴孔子，视之如父。有一次，颜回跟随孔子周游列国，在去陈国和蔡国的路上，一连七天，大家都没能吃得上饭。颜回想着："饿着自己，也不能饿着老师啊！"于是决定去向人乞讨。天无绝人之路，他恰好遇上了一位好心的婆婆，婆婆见他面黄肌瘦得可怜，便给了他一些米。

颜回感激涕零，一路飞奔回来，赶紧生火，煮起饭来。饭快要熟的时候，颜回一不留神，一块炭灰掉到了饭上。他便把有炭灰的饭抓起来吃了。颜回用手抓饭吃这一幕，恰好被孔子瞧见了，孔子虽心里不悦，但故意装作没有看见。

过了一会儿，颜回来请孔子吃饭，孔子站起身，故意说："刚才我梦见了我的祖先，我先用这饭祭奠我的祖先吧！"（用过的饭是不能祭奠的，否则是对先人的不敬）

颜回一听，连忙解释说："夫子使不得！刚才煮饭时，有炭灰掉到锅中，弄脏了米饭。我觉得丢了太可惜，就把脏掉的饭粒拿起来吃了。"

孔子听了，才知道原来是自己误会了颜回，不禁叹息道："亲眼所见的东西有时竟也是不准确的，更何况那些道听途说的是是非非呢！"转而感动地对颜回说："颜回啊，你真是个贤德的人啊！"

尔等读书，须求识字。或曰：焉①有读书不识字者？余曰：读一孝字，便要尽事亲之道；读一弟②字，便要尽从兄之道。

——[明]孙奇逢《孝友堂家训》

①焉：难道。
②弟（tì）：同"悌"，兄友弟恭。

译文

你们读书，必须求得认识字。有的人说：难道有读书却不认识字的人吗？我说：读一个"孝"字，就要恪尽侍奉父母的道理；读一个"悌"字，就要恪尽兄弟友善的道理。

小叮咛

有了知识却不能应用于实践，这种知识是肤浅的。学以致用，知行合一，这在今天来说仍是求学的宗旨所在。有些人一辈子只是个"梦想家"，光做梦。有梦想没行动，那是空想、妄想，学习必须付诸实践，做"实干家"，才会梦想成真！小朋友，有了梦，就不要停下脚步，去大胆行动吧！

胸有成竹

北宋时，有一个著名的画家，名叫文同，他是画竹子的高手。他画的墨竹曾得到苏东坡、黄庭坚等名家的称赞。

文同为了画好竹子，不管春夏秋冬，也不管刮风下雨，他都常年不断地在竹林里钻来钻去。三伏天气，日头像一团火，烤得地面发烫，他照样跑去观察竹子的变化。他一会儿量一量竹节有多长，一会儿记一记竹叶有多密。汗水湿透了衣衫，可是文同全然不顾。

有一回，天空刮起了一阵狂风。接着，电闪雷鸣，眼看着一场暴雨就要来临。人们都纷纷往家跑。可就在这时候，坐在家里的文同，急急忙忙抓过一顶草帽，往头上一扣，直往山上的竹林里奔去。他刚走出大门，大雨倾盆而下。

文同一心要看风雨中的竹子，哪里还顾得上雨急路滑！他撩起袍襟，爬上山坡，奔向竹林。他气喘吁吁地跑进竹林，没顾上抹一下流到脸上的雨水，就

墨竹图（宋·文同）

两眼一眨不眨地观察起竹子来了。只见竹子在风雨的吹打下，弯腰点头，摇来晃去。文同细心地把竹子受风雨吹打的姿态记在心头。

由于文同长年累月对竹子的细微观察和研究，竹子在春夏秋冬四季的形状有什么变化；在阴晴雨雪天，竹子的颜色、姿势又有什么两样；在强烈的阳光照耀下和在明净的月光映照下，竹子有什么不同；不同的竹子，呈现出哪些不同的样子……文同都摸得一清二楚，所以他画起竹子来，根本用不着画草图。

聆听家训

读书不在多，能下精熟工夫，积久^①自然有得。

①积久：长久积累。

——[明]屠羲时《童子礼》

译文

读书不在于多，要能下精通熟练的功夫，长此以往逐渐积累，自然而然就会有所收获。

小叮咛

文同之所以能胸有成竹，得益于他长年累月对竹子的细微观察和研究。小朋友，读书也是一样，要想有所收获，我们也需要努力下苦功，反复积累与熟悉，这样才能对知识有更深入的理解。

40. 推　敲

贾岛作诗爱推敲

贾岛是唐代著名的苦吟诗人。他作诗非常下功夫，每一字都要细细思量、反复斟酌。

有一年秋天，贾岛到京城长安赶考，他看到长安街上到处都是被风吹下来的落叶，就信口吟出"落叶满长安"之句。他想再作一句上联，可一时又想不出好的句子来。越是想不出他就越要想，想着想着，不觉走到了渭河边。他看到一阵秋风把渭河的水吹起了许多波纹，灵光一现，自然而然就吟出了"秋风吹渭水"。

一次，贾岛去长安郊外拜访老友，他沿着山路找了好久才到好友家，可是友人不在。这时，夜深人静，月色皎洁，贾岛就留了一首诗：

闲居少邻并，草径入荒园。

鸟宿池边树，僧推月下门。

过桥分野色，移石动云根。

暂去还来此，幽期不负言。

第二天，贾岛返回长安。一路上，他还在琢磨着昨夜即兴写的诗："'僧推月下门'，咦，'推'字好像不够味儿啊！'僧敲月下门'，嗯，好像还是'敲'恰当些。"可是，他又想了想，觉得用"推"字也还可以，不一定要改成"敲"字。就这样，他一会儿觉得用"推"字好，一会儿觉得用"敲"字好，始终决定不下来。

他一边吟咏，一边做着推门和敲门的手势，仔细琢磨到底用哪一个字更好些。不知不觉间进了长安城。长安城内的人看着这个骑在毛驴上比来划去的人，都觉得十分好笑。

韩愈《北楼》诗意图

这时，正在京城做官的韩愈，在仪仗队的簇拥下，坐着马车迎面而来。行人、车辆纷纷避让，贾岛却丝毫不知，仍然沉浸在"推""敲"里，不知不觉闯进了仪仗队。官差将他带到韩愈跟前，韩愈问明了原因，不但没有处罚贾岛，还很有兴致地与他一起探讨起来。最后，韩愈说："我觉得，'敲'字更佳。"贾岛得到了韩愈的指点，心里很高兴，便决定把自己的那句诗改成"僧敲月下门"。

从此，"推敲"也就成了脍炙人口的常用词，用来表示反复思考、斟酌字句。

经传精义奥旨①，初学固不能通，至于大略粗解，原易明白。稍肯用心体会，一字求一字下落②，一句求一句道理，一事求一事原委；虚字审其神气③，实字测其义理，自然渐有所悟。

——[清]左宗棠《左宗棠家书》

①奥旨：深奥的道理。奥，幽深。
②下落：究竟，分晓。
③神气：这里指虚字在具体语境中所表达的语气作用。

译文

圣贤经传义理精深，初次学固然不能领会，但大概的意思是比较容易明白的。只要稍稍用心体会，每个字弄懂它的究竟，每句话弄清它的意思，每件事弄通它的原委；虚字要弄明白它的语气，实字要探究它的意义，自然就逐渐有所领悟。

小叮咛

小朋友，对于学习，我们也要像贾岛那样不断推敲，反复斟酌。初学时可能无法完全理解，但是只要我们用心探求，一字一句地弄懂弄清，就一定会有所领悟。不信？我们一起来试试。

41. 学习不可见异思迁

专注造纸的蔡伦

蔡伦出生在农家，从小家境清贫，为了生计，他便进宫当了太监。蔡伦做事谨小慎微，兢兢业业，不敢有半点马虎。汉和帝时期，蔡伦升职当了中常侍（太监中较高的官职），参与国家机密大事。后来又任尚方令，掌管宫廷手工作坊，监督御用品的制造。

蔡伦每天都要为皇帝传递文书材料。那时候的文字大都写在竹简上，竹简又厚又重，搬运起来十分吃力。于是，蔡伦决心寻找更好的书写材料。他首先想到轻便、易于携带的缣（jiān）帛，可是价格太贵，有什么低廉的原料可以用来造纸呢？蔡伦不断地尝试。

一天，蔡伦在花园里散步，突然想起一件很重要的事，他担心会忘记，就找来笔打算记录下来。可是没有竹简，写哪里呢？他环顾左右，发现有脱落的树皮，其中一面很光滑，好像可以写字。于是他捡起树皮试着写了几个字。呀，竟然字字清晰鲜明！蔡伦喜出望外。

可是树皮太厚了，而且还缺乏韧性，怎样才能使它变得轻薄柔软呢？蔡伦脑海中一直盘旋着这个问题。一天，他看见一位妇女在河边洗衣，不停地用棒槌敲打着衣裳。那时新衣服都是经过浆洗的，

①切麻

②洗涤

③浸水

④蒸煮

⑤春捣

⑥打浆

⑦抄纸

⑧晒纸

造纸流程图

特别硬，穿之前用棒槌敲打一番，会使衣服变得柔软贴身。

蔡伦突然有了一个新的想法：要是像敲打衣裳一样敲打树皮，树皮是否也会变得柔软些呢？蔡伦决定尝试一番。他用棒槌将树皮捣碎，然后煮成糨（jiàng）糊状，再把糨糊状的树皮倒在席子上，铺成薄薄的一层，在太阳底下晒干，就这样，一张张薄薄的纸就形成了。蔡伦还不断改进工艺，大大提高了纸张的质量，书写起来极为方便。

后来，蔡伦将这些纸进献给了汉和帝。汉和帝看后，非常欣赏蔡伦的才能，并马上下令将纸进行推广。这种轻便的纸很快就受到了世人的欢迎。蔡伦被封为造纸祖师。

学字当专一，择古人佳帖①，或时人墨迹与己笔路②相近者，专心学之。若朝更③夕改，见异而迁，鲜有得成者。

——[清]张英《聪训斋语》

①帖（tiè）：学写字时临摹的样本。

②笔路：笔法。

③更：更改，修改。

译文

学习写字应当专一，选择古人优秀的字帖或今人和自己笔法相近的墨迹，专心学习。假若经常更改，喜爱不专一，那么，很少有人能成功的。

小叮咛

学习不能见异思迁，要想取得丰硕的收获，必须一心一意，持之以恒，付出百倍千倍的努力。蔡伦正是靠他的专注和专业精神，才发明了造纸术。小朋友，我们读书写字也要像蔡伦那样一心一意，专注有恒心，如果做到了这些，你一定会有所收获。

42. 潜心笃志，学非难事

故事会

高士其读书

"对世界上一切学问与知识的掌握也并非难事，只要持之以恒地学习，努力掌握规律，达到熟悉的境地，就能融会贯通，运用自如了。"这是我国著名科学家高士其的话。

高士其从小就用功读书，他的学习成绩年年都是班级里最好的，全校师生都夸他是个好学生。

高士其6岁开始上学。开学那天，他兴奋不已，天蒙蒙亮就穿上新衣服，背着新书包，上学去了。一路上，他又蹦又跳。可到学校门口一看，大门还紧紧地关着呢！他不敢去敲门，只好站在门口等着，不知道等了多久，学校的大门终于开了。

开门的是位老伯。高士其恭恭敬敬地鞠了一躬，又叫了声"老伯早！"老伯直夸他："真懂礼貌呀！""孩子，你是一年级新学生吧？"老伯慈祥地问道。高士其点点头。老伯把他领到一年级的教室里。过了好一会儿，同学们才一个个陆续来到学校。

在开学典礼上，校长站在台上讲话。高士其一双乌溜溜的眼睛专心地盯着校长，听得非常入神。

校长讲完了话，叫高士其站到他身边。他摸着高士其的头，当着全校同学的面说道："我今天要表扬这位小同学，他第一天上学，一清早就到校了。他如此这般勤奋，将来一定会成为国家有用的人才！"

"成为国家有用的人才！"高士其把校长对自己的勉励记在心里。每天，他上课用心听讲，放学回家就认真做功课。高士其跟同桌关系处得非常好，课间休息时，两人常常一起探讨功课，一起游戏。

可是有一天，同桌嘟着嘴，冲着高士其不悦地说："你到底认识我吗？"高士其觉得很奇怪，说："咱俩是好朋友呀，我怎么会不认识你呢？"同桌气呼呼地说："那你刚才上课时为何不理我呢？"

高士其一听，笑了起来。原来，刚才上课的时候，同桌拿出纸头，折成一只只小青蛙，悄悄地玩了一阵子，玩着玩着，觉得一个人玩没劲，就凑到高士其耳边，轻轻地说："我们来玩斗青蛙吧！"

高士其坐得端端正正，正用心听老师讲课，同桌的话他根本没听见。同桌又轻轻地碰了碰高士其，高士其还是坐得好好地在听课。同桌心里挺不高兴，使劲拉了拉高士其的衣服，这一来，高士其回过头来了。同桌指了指膝盖上两只纸折的青蛙。高士其明白了，是叫他一起玩斗青蛙呀，他对同桌使了个白眼，继续用心地听老师讲课。

高士其想到这里，笑了起来，他说："下课的时候，咱俩一起玩，是好朋友。可是上课这样玩，我就不认识你了。"高士其的话，说得同桌也笑了。

高士其自小勤奋好学、潜心笃志，这为他以后的进一步深造成才打下了坚实的基础。

读书以过目成诵为能，最是不济事①。眼中了了②，心下匆匆，方寸③无多，往来应接不暇④，如看场中美色，一眼即过，与我何与也。

——[清]郑燮《郑板桥家书》

① 济事：中用，顶事。

② 了了：一晃而过。

③ 方寸：指心。

④ 暇：空闲。

译文

读书若把过目成诵当作能耐，其实是最不中用的。眼中一晃而过，心下匆匆忙忙，人的心只有一个，往来应接不暇，就像看场中的美妙景色，一眼晃过，与我毫不相干，什么也没有得到。

小叮咛

所谓"潜心笃志"，就是要做到专心致志，切不能"眼中了了，心下匆匆"。心不定，则事不成；志不坚，则事必难成。小朋友，读书不在于逞能，心思专一不浮躁，潜心向学，久而久之就能凝聚成一股强大的力量，逐个击破生活中的"拦路虎"。

43. 惟善是取

82 岁的状元

"若梁灏（hào），八十二。对大廷，魁多士。"小朋友，你还记得《三字经》中的这几句诗吗？

梁灏是谁呢？他是我国五代时期人，却是宋太宗时期的状元郎。他从小就酷爱读书，是当地有名的才子。

30 多岁时，梁灏信心满满地赴京参加科举考试，然而名落孙山。痛定思痛，梁灏更加发奋勤学，发誓不考中状元决不罢休。谁知命运偏偏与他作对，从五代后晋天福三年（938）起，再历经后汉、后周，他屡屡应试，屡屡不中。虽如此，他依然坚持不懈，毫不气馁，甚至还自我解嘲地说："考一次，我就离状元近了一步啊！"

功夫不负有心人，宋太宗雍熙二年（985），他终于考中进士，被钦点为状元！这时的他，已经是白发苍苍、步履蹒跚的老翁了。

百子团圆图（清·焦秉贞）

在大殿上，他对宋太宗的提问应对自如。宋太宗问他的年岁，他抑制不住内心的激动，说道："皓首穷经，少伏生八岁；青云得路，多太公两年。"意思是说，考中状元，年纪虽然比辅佐周文王的姜太公入仕大两岁，但比传授《尚书》的伏生成名还年轻8岁呢！

聆听家训

见人嘉言善行，则敬慕而纪录之。见人好文字胜己者，则借来熟看，或传录①之，而咨问②之，思与之齐③而后已。不拘长少，惟善是取。

——[宋]朱熹《朱子训子帖》

①传录：转抄，传抄。
②咨问：咨询，请教。
③齐：一致，看齐。

译文

看见他人有良言美行，就虚心地把它记录下来。看见别人的好文章胜过自己，就借来认真细看，或者抄录下来，向作者咨询请教，想着向他看齐。不拘泥于年龄长幼，只要是有益的就一定要吸取。

小叮咛

小朋友，梁灏大器晚成的故事告诉我们：学习不在于年龄，人的一生是一个不断学习、不断完善的过程，只要坚定信念，持之以恒，就能实现理想。俗话说，"活到老，学到老"，我们更应该珍惜现在的大好时光，惟善是取，不断学习和积累。

44. 多学前人的嘉言善行

故事会

铁杵磨成针

　　唐代大诗人李白年少时期很贪玩。有一天，李白在家里读书没一会儿，就心烦了："这么厚一本书，得什么时候才能看完啊！"于是他干脆丢下书，悄悄溜出了门。他决定去小溪边捉鱼。快到小溪边时，李白看见一位老奶奶正在磨刀石上磨着什么东西。他好奇地凑近看了看，老奶奶手里拿着的竟然是一根粗粗的铁棒。

　　李白感到不解，安静地蹲在一边看了许久。老奶奶也没理会他，只顾自己磨着。李白终于忍不住问道："奶奶，您这是在做什么呢？""磨针。"老奶奶头也没抬，仔细地磨着手中的铁棒。

　　"什么？磨针？这么粗的铁棒磨成针？怎么可能！"李白疑惑

李白雕像

不已。老奶奶抬起头，语重心长地说道："孩子，这铁棒再粗，我只要天天磨，还怕它不能磨成一根针吗？"

李白一听，恍然大悟："是啊，只要能一直坚持，再困难的事情也能成功。读书不也是如此吗？"他赶紧跑回家，重拾书本，还在纸上写下"只要功夫深，铁杵磨成针"十字，端端正正地挂在书桌前。从此，李白在学业上再也没有偷过懒。

聆听家训

"木受绳①则直，金就砺②则利。"穷③理格物，多识前言往行，是惟作圣之功。

——[清]爱新觉罗·玄烨《庭训格言》

①绳：墨线。
②砺：磨刀石。
③穷：寻根究源。

译文

"木头经墨线量过就能取直，金属在磨刀石上磨过就变得锋利。"探究事物的道理，多学习前人贤士的嘉言善行，这是进入圣贤境界的方法。

小叮咛

小朋友，《铁杵磨成针》这则小故事可蕴涵着大智慧呢！相信你一定深受启发。"天下无难事，只怕有心人"，只要我们在学业上肯下苦功夫，多学习前贤的言行，就一定会有意想不到的收获。

45.不做则已，做则至全

明朝状元唐文献

　　唐文献是明代华亭（今上海松江）人。他出身名门，相传出生时，他的父亲唐敷锡曾构筑了一座厅堂，有一次在厅中小憩，梦见一个巨大的星辰闪烁在栋梁之间，上面写有"敷子魁"三个大字。父亲醒后大为惊异：自己名字中有一个"敷"字，"敷子"不就是指自己的儿子吗？而"魁"不正是状元吗？因此，父亲认为这是应在儿子唐文献身上的吉兆，以后儿子必定有出息。

　　唐文献少年时期就非常聪明，他不屑于儿童游戏，见识、语气都很有成人风度，见到他的人都觉得奇异。15岁时，他入了乡学，读书十分刻苦。有一次，唐文献梦见自己考中了顺天乡试，于是更加发奋勤学，决心要考中乡试、国学，直至金榜题名。

　　16岁时，唐文献被补为文学弟子，着意攻取功名。他几次考试都名列前茅，文风端厚有力，深得当时的温御史赏识，渐渐地，他的才名不断远播。35岁那一年，唐文献终于大魁天下。传说，唐文献未中状元时，曾见奎星宿于他家堂上，因而用"占星"作为堂名。

　　唐文献为人十分正直，向来不喜欢趋炎附势。父亲去世后，唐文献家境每况愈下，入不敷出。当时华亭县有一富户，因为涉官司

入狱，他的仆人深夜前来找唐文献，并馈赠白银百两，希望唐文献帮自己的主人开脱。唐文献果断拒绝："为人清者自清，浊者自浊。如果真是清白，我自会为你的主人开脱；可如果真有龌龊，岂不是连我也给玷污了吗？"那仆人羞惭而退。

唐文献做官之后，依然洁身自好，清廉自守。他中状元后，族弟到京城向他道贺，并告诉他："邻家有栋豪宅打算以 3000 两白银出卖。兄长如今是炙手可热的状元郎，非豪宅不能匹配！"中状元做高官后购置田宅，这在当时几乎是理所当然之事，唐文献却叹息说："大多人买田宅，大概是为子孙计。子孙尚且难保，更何况长保富贵呢？何况这个邻家也曾是名门之后，我们不能不为之叹息啊！"唐文献又告诫族弟说："先祖为布政使的时候，生活简朴，住处简陋。前人风范，我们不可不知。我们自当事事简素，不可奢侈。"

唐文献晚年抱病在床，恰逢家中母亲病逝，噩耗从华亭传来，他哀恸不已，最终病情加重，于万历三十三年（1605）病逝，享年 57 岁。

聆听家训

用工第一是要细看经书，一句一字，具①有意义，必求讲解精透②，不得容易放过。第二则作文必要每月三十篇，不作则已③，作则句字要推敲，亦不得容易放过。第三则后二场工夫，亦须操练。

——[明]唐文献《唐文恪公家训》

①具：皆，都。
②精透：精准透彻。
③已：止，罢了。

　　读书要下工夫。第一，要认真仔细地读经书，每一个句子每一个字，都有它的含义，必须讲求理解精准透彻，切不能轻易放过。第二，写文章必须每月做到三十篇，不写则罢了，一旦写就要每字每句细细琢磨，也不能轻易放过。第三，在前两场工夫的基础上，还必须经常练习。

◉◉小叮咛◉◉

　　小朋友，读书是一种自我提升的艺术。古人云："玉不琢，不成器；人不学，不知道。"我们要像唐文献那样，不做则已，做则至全。读书力求"精透"，注意"推敲"，还要不断"操练"，自然能不断提升自我。

别无事，且把书念，细细嚼，
漫漫钻，无限滋味在眼前。

46.读书与做人

不为良相，即为良医

范仲淹出生第二年，父亲不幸病逝，范家从此失去了生活来源。范仲淹母亲谢氏靠给人家缝洗衣裳勉强度日，但难以糊口，只好带着尚在襁褓（qiǎng bǎo）中的范仲淹改嫁山东淄州长山县一户姓朱的人家。从此，范仲淹改姓名叫朱说。

范文正公读书图

范仲淹从小读书就十分刻苦，十多岁时，他住进了长山醴（lǐ）泉寺的僧房读书。这么小的孩子就离开父母、离开家庭，独自照顾自己，这是需要多大的毅力和勇气啊！寺庙的日子真是清苦，范仲淹每天喝着薄粥、嚼着咸菜，但他从来没有懈怠读书。

后来，为了开阔眼界，增进学识，范仲淹千里迢迢赶赴应天书院（在今河南商丘）求学。五年中，他从没有宽衣解带，上床睡过一个好觉。冬天，没有柴火、没有暖气，每每感到昏昏欲睡时，他就用冷水浇在脸上，以此提神。他常苦读至废寝忘食。日积月累，范仲淹领悟了"六经"的主旨，立下了造福天下的志向。他一直提醒自己："先天下之忧而忧，后天下之乐而乐。"

有一次，范仲淹遇到一个算命先生，便向他请教："我以后能不能当宰相？"算命先生一听，摇摇头说："你这个年轻人太自负，一开口便说要当宰相，小小年纪口气是不是太大了？"

范仲淹有点不好意思，就改口问："那你看我能不能当医生？"医生在古代并不是什么光鲜的职业，不仅很穷，社会地位还很低。算命先生很好奇，本来想当宰相，一下子掉到想当医生，怎么两个志愿差这么大？就问范仲淹为什么。

范仲淹毫不迟疑地回答："当宰相是为了救国救民，当医生也能够救民。如果我当不了宰相，那我希望当个医生。"算命先生大加赞叹，说："你有这样一颗诚心，是真良相啊！"

后来，范仲淹果然考取了功名，做到宰相。他文韬武略，治国安邦，成了北宋一代名相。

聆听家训

读书须先论其人，次论其法。所谓法者，不但记其章句，而当求其义理①。所谓人者，不但中举人进士②要读书，做好人尤要读书。
——[清]朱柏庐《朱柏庐先生劝言》

① 义理：道理。
② 举人进士：科举考试的头衔。

读书必须先讲做人，再讲方法。所说的读书方法，不仅要背诵词句，还应当明白其中为人处世的道理。所说的做人，不只是考取功名要读书，做好一个人尤其要读书。

小叮咛

懂得立身做人的基本道理和方法，这才是读书的首要目的，而学会技能、积累知识只是读书的次要目的。范仲淹胸怀抱负，一生为国为民，"居庙堂之高则忧其民，处江湖之远则忧其君"，毕生以"正心修身治国平天下"要求自己。所以，小朋友，你从书中所获取的有益知识都会帮助你更好地做人。

故事会

程门立雪

宋代有一位学者，名叫杨时。他一向虚心好学，尊师重道。

杨时在青少年时期就非常用功，他四处访师求教，钻研学问。当时，程颢、程颐兄弟俩是全国有名的学问家，杨时考中进士后，为了继续丰富自己的学识，就跑到河南颍昌，拜程颢为师，虚心求学。后来，程颢去世，当时杨时已经40多岁，但他仍然立志求学，于是又跑去洛阳拜程颢的弟弟程颐为师，继续钻研学问。

有一天，天空浓云密布，眼看一场大雪就要来临。午饭后，杨时为了找老师请教一个问题，约了同学游酢（zuò）一起去老师家里。可不巧，老师正在午睡。为了不打扰老师休息，两

映雪读书图（清·任伯年）

人便恭恭敬敬地站在门外等候。

不一会儿，天空中洋洋洒洒下起了鹅毛大雪，凛冽的寒风呼啸而过，冻得他们浑身发抖，但二人仍然一声不响站在门外等候。等程颐醒来，门外的雪已经积了一尺多深了，但杨时、游酢二人没有丝毫倦怠之色和抱怨之意。

正由于杨时能尊敬师长，虚心求教，学业进步很快，后来终于成为一位知名的学者。

聆听家训

读书必须立品①。本原②不清，支流自不可问。

——[清] 褚维垕（hòu）《褚氏家约》

①立品：树立品行。
②本原：根源，源头。原，同"源"。

译文

读书必须树立品行。如果读书的本源都认识得不够清楚，那么其他的支流就更不用说了。

小叮咛

小朋友，不管读书、立身，还是处世，"立品"都是首要的。如果一个人有知识，却不能尊敬师长、尊重知识、遵守道德规范，那么即使他学富五车，终究于国于家都是无益的。

48.腹有诗书气自华

洛阳纸贵

晋代文学家左思，小时候天资很差，相貌丑陋，说话口吃，而且非常顽皮，又不爱读书。他学习过书法，但学无所成；学习过音乐，也没学成。父亲见他如此顽劣不堪，经常对他发脾气。可是小左思仍然我行我素，不肯好好学习。

有一天，小左思家里来了一群父亲的朋友。父亲对着朋友们叹气道："小儿左思，比起我小时候，真是差太远哩！看来是没有多大的出息了……"说着，脸上流露出失望又无奈的神色。这一切恰巧都被小左思看到听到了，他非常难过，觉得照此下去确实很没出息。从此，他暗暗下定决心，一定要刻苦学习，做出一番成绩给父亲瞧瞧。

日复一日，年复一年，小左思渐渐长大了。由于他的坚持不懈，他学识越来越渊博，视野越来越开阔，文章也写得越来越出彩。后来，他读了东汉文学家班固的《两都赋》和张衡的《二京赋》，心里跃跃欲试，想以三国时魏、蜀、吴首都的风土、人情、物产为内容，撰写一篇《三都赋》。

为了在内容、结构、语言诸方面都超越前人，他谢绝了一切社交，

潜心搜集、研究史料，精心撰写。有时候灵感突现，偶尔得到一两句佳句，或捕捉到一个恰当的词语，他便立刻记录下来。

许多人听说左思在闭门撰写《三都赋》，就嘲笑他痴人说梦，不自量力。大文学家陆机就这样对人说："我曾经想着写一篇《三都赋》，但感觉困难，一直没有动手。现在听说有个相貌丑陋、不知天高地厚的家伙，也想写什么《三都赋》！哼，走着瞧吧！他的文稿，恐怕只配当废纸拿去盖我们家的酒坛子呢！"

面对别人的冷嘲热讽，左思毫不理会，一心只扑在自己认准的事情上。十年后，《三都赋》终于写成！整个洛阳城都为之轰动！世人一致好评，争相拜读。由于当时还没有发明印刷术，喜爱《三都赋》的人只能争相抄阅，因为抄写的人太多，京城洛阳的纸张供不应求，一时间全城纸价大幅度上涨。

陆机读了《三都赋》后，也不得不改变原来狭隘的看法，自叹不如。

聆听家训

熟玩经史，古人与稽①，然后反身②而求，克其嗜欲，傅③之理道，则自然德业日进，言动可法，恂恂④儒雅，温其如玉，人见而爱之敬之矣。

——[清]徐枋《诫子书》

①稽：相合。
②反身：自我反省。
③傅：教导。
④恂恂：谦恭的样子。

熟读经书史书，做到和古人相合，然后进行自我反省，克制自己的嗜好欲望，接受书中道理的教导，就会自然而然地使品德和学业每天有所提高，言行举止合乎规矩，为人谦恭、温文尔雅，性情温和如玉，受到每个人的敬爱。

人的气质是天生的，本难以改变，只有读书才能让它改变。小朋友，你读过的诗书都将渗透到你的灵魂，使得你的气质才华光彩夺目，正如故事中的左思，最终才华横溢。

49. 细嚼慢咽，滋味无限

顾炎武自督读书

顾炎武自幼勤奋好学，他2岁就诵读《千字文》《百家姓》等书籍，10岁就开始读史书、文学名著。刻苦学习的顾炎武赢得了祖父蠡（lǐ）源公的喜爱。他经常把孙子叫到书房，教孙子临摹一些古人的真迹。顾炎武进私塾之后，每天放学回来，祖父都要考问他当天的功课。11岁那年，祖父要求他读完《资治通鉴》，并告诫说："现在有的人图省事，只浏览一下《纲目》之类的书便以为万事皆了了，我认为这是不足取的。"顾炎武领悟到，对待读书必须认真忠实。

那么，顾炎武是怎么读书的呢？首先，他给自己规定每天必须读完的卷数，并且按时按量地完成读书任务。其次，他要求自己每天读完后把所读的书抄写一遍。这样当他读完《资

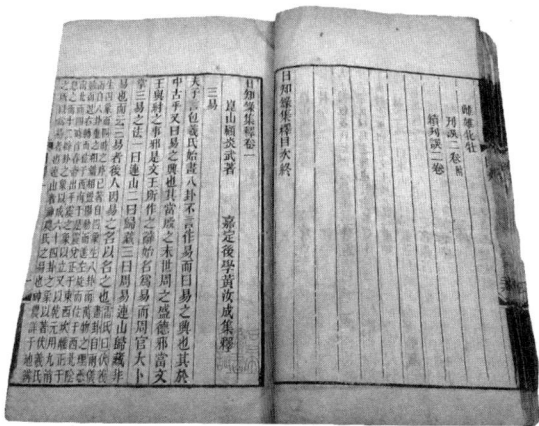

《日知录》书影

治通鉴》后，一部书就变成了两部书。再次，他要求自己每读一本书都要做笔记，写下心得体会。他的一部分读书笔记，后来汇集成册，就是著名的《日知录》一书。最后，他在每年春秋两季，都要温习前半年读过的书籍，边默诵，边请人朗读，发现差异，立刻查对。他规定每天这样温课 200 页，温习不完，决不休息。这就是他勤奋治学"自督读书"的举措。

顾炎武一生行万里路，读万卷书。他说："人之为学，不日进则日退。"读书是件老老实实的事，必须认真扎实、一丝不苟地对待。

聆听家训

别无事，且把书念，细细嚼①，漫漫②钻，无限滋味在眼前。
——[清] 胡翔瀛《竹庐家聅》

①嚼：用牙齿咬碎。这里指品味。
②漫漫：长时间地。

译文

别老是觉得无事可做，有空闲就可以读读书，仔细地品味品味，长期地钻研钻研，就能体会到书给你带来的无穷滋味。

小叮咛

处在青少年阶段的我们，有着较多可自由支配的时间，有效利用这些时间去做一些有意义的事，必定比无所事事更值得我们去效仿。小朋友，在你觉得无事可做时，不妨拿起一本书，学习顾炎武"自督读书"，"细细嚼，漫漫钻"，体会书中的"滋味"。

50.念书的诀窍

黄庭坚苦读

黄庭坚是宋代著名文学家，幼年时便聪颖过人。有一天，舅舅李常到黄庭坚家做客，见外甥正伏案苦读，便想试一试外甥的才学。李常见院内有一棵桑树，便吟道："桑养蚕，蚕结茧，茧抽丝，丝织锦绣。"黄庭坚一瞧手里握的那管毛笔，灵机一动，答出下联："草藏兔，兔生毫，毫扎笔，笔写文章。"李常见外甥小小年纪便能应对如流，大为赞叹。

黄庭坚小时候父亲不幸早逝，靠母亲替人缝补衣衫为生。母亲的辛劳黄庭坚点滴瞧在眼里，因此，他读书特别勤苦，毫不懈怠。他从小就酷爱写作，为了提高写作水平，他千方百计找来大量书籍，昼夜苦读。家里的书读完了，他就去别人家里借。虽然偶尔会遭受白眼或刁难，但在黄庭坚眼中，这些小小的委屈算得了什么呢？

有一天，黄庭坚到开封相国寺，无意间发现了一本宋子京写的《唐史》初稿，他欣喜若狂，便如饥似渴地读起来。这本初稿宋子京修改了很多地方，有的字已经看不清了。稿纸空白的地方，密密麻麻地写满了蝇头小字，颇为难认，黄庭坚却以坚韧的毅力细心攻读完了。

对于宋子京所改动的字句，从遣词造句、拟形摹声，到修辞用字、表情达意，黄庭坚都精心进行了学习研究。他把修改前的文字抄在一个本子上，又把修改后的文字抄在另一个本子上，将两者细心比较，探索作者增删的奥妙，弄清繁简的原因，找出修改的用意……

功夫不负有心人，黄庭坚的写作水平不断提高，最终成了一名出类拔萃的文学家。

聆听家训

今人常言念书，"念"之一字，最有意味①，口诵心惟②，才谓之念。
——[明]吕坤《四礼翼》

①意味：韵味，意境。
②口诵心惟：口中朗诵，心里思考。

译文

现在的人常说念书，"念"这个字，意味最深远，口中常朗诵，心里常思考，才能称之为"念"。

小叮咛

"念书"绝不仅仅是动动嘴皮子。其实，"念书"是一件极其复杂的事，它需要调动人的手、眼、口、心等多种器官，并使它们共同协作，合力且专心地完成"念"书任务。小朋友，如果你能在"念书"之时做到又看又读，同时还能用心去记，相信你一定会成为"念书"小达人！

51.悔悟之道

苏秦刺股

战国时期，有一个人叫苏秦。早年时，他不学无术，但不知哪来的自信，总觉得自己很了不起。于是，有人就暗暗给他起了个外号，叫"自以为是的半吊子"。

苏秦背井离乡去齐国追随鬼谷子学习，一年后就告别老师和同学，独自去闯荡天下。但是因为学问不深，一年后不仅一无所获，连钱也用完了，他只能穿着破衣草鞋踏上了回家的路。到家时，苏秦已骨瘦如柴，衣服破烂不堪。妻子见他这副模样摇头叹息，继续织布；嫂子见他这个样子扭头就走，不愿为他做饭；父母、兄弟不但不理他，还暗暗笑他活该！

苏秦看到家人这样对待他，十分伤心。他关起房门，不愿意见人，对自己作了深刻反省："妻子不理丈夫，嫂子不认小叔子，父母不认儿子，都是因为我不争气，没有好好学习。"

他认识到自己的不足，重新振作起精神，发愤读书，钻研兵法。他每天读书到深夜，有时候不知不觉伏在书案上就睡着了，第二天醒来，都后悔不已，但一时想不出什么办法不让自己睡着。

有一天，苏秦读着读着实在太困了，不由自主便扑倒在书案上，但他猛然惊醒——手臂被什么东西刺了一下。一看是书案上放着的一把锥子，他马上想出了制止打瞌睡的办法——锥刺大腿！以后每当要打瞌睡时，他就用锥子扎自己的大腿，让自己一下子痛醒。

由于他的刻苦努力，苏秦积累了丰富的学识，终于开创出辉煌的政治生涯。

聆听家训

古人由悟而悔，由悔而悟，真实用功，一日憬然①醒悟，浑身汗下，透出本来面目。

①憬然：醒悟的样子。

——[清]汤斌《常语笔存》

译文

古人由觉悟而后悔，由后悔而觉悟，切切实实地下功夫，等某一天猛然醒悟，全身直冒冷汗，参透人本来的面貌。

小叮咛

小朋友，反省是一种能力，是对我们的思想、行为做深刻检查和思考，把自己做人做事不对的地方想清楚，然后纠正自己的错误。我们应该学习苏秦善于反省的优秀品质，使自己成为善于悔悟、不断成长的人。

52. 不读书则识卑量小

伤仲永

北宋时期，金溪出了一名神童，名叫方仲永。他们家世世代代以耕田为业，家里从来没有出过一个文化人。方仲永长到 5 岁，还不知道笔墨纸砚长什么模样，他的父亲也从没有过让他读书的想法。

有一天，小仲永却突然哭着向父母索要笔墨纸砚，说是要写诗。父亲感到非常奇怪，就从邻居那里借来了这些东西给他。小仲永拿起笔便写了一首诗，最后还给这首诗加了题目。

5 岁的小仲永会作诗的事情很快传到了同乡几个读书人耳中，他们都来看小仲永作的诗，颇为赞赏。从此，经常有人到方家拜访，他们当场出题让小仲永作诗，小仲永文思泉涌，都能即刻出口成诗。

这件事越传越广，不久就传到了县里。县里的那些名流、富人都非常欣赏方仲永，纷纷邀请他到家里做客，这使得他父亲的地位也提高了不少。父亲经常得到那些富人的接济，便认为这是件有利可图的事情，于是放弃了让方仲永上学的念头，天天带着他轮流拜访县里那些富人，来博得更多的奖励。

方仲永失去了学习的机会，渐渐感到才思有限，作诗的水平每况愈下。到十二三岁时，他作的诗比以前逊色了许多，前来与他谈

诗的人感到有些失望。20 岁时，方仲永的才华已经全部耗尽，和一个普通人没有什么不同。

很多人都很遗憾，一个"天才"少年，就这样沦落为一个平庸之辈了。

聆听家训

> 人不读书，则识卑①量小，纷华靡丽②，举得以乱其中，而终日营营③驰逐，以求悦世俗之耳目。
>
> ——[明]支大纶《支子家训》

①卑：卑微短浅。

②靡丽：奢侈华丽。

③营营：往来不绝的样子。

译文

人如果不读书，就会见识短浅、气量狭小，使得讲究排场、追逐华丽的举动扰乱内心，整天忙着追名逐利，来满足庸俗的感官享受，取悦世俗的耳目。

小叮咛

一个人即使有像方仲永一样出色的天赋，但若没有不断地给自己"充充电"，最终也只能沦为一个普通人。唯有不断地学习，才能为自己提供持久的能量。小朋友，努力请从今日始，这样你就不会浪费上天给你的天赋！

53. 求进与利世

拜妻为师

清朝有个武官叫张曜（yào），因多次立下战功被提拔，不久升为河南布政使。接连的喜讯让张曜十分得意。正当他准备走马上任时，却遭到了弹劾。原来，张曜自幼失学，没有文化。朝中官员痛斥他"目不识丁"，不适合担任布政使这样的一省地方首脑的职位。于是，咸丰皇帝就改任张曜为总兵。

这件事对张曜的打击很大，向来自尊心极强的他不甘被辱，立志好好读书，让自己能文能武，不给别人羞辱和嘲笑的机会。

张曜的妻子很有文化，思来想去，他便请求妻子教他念书。妻子说："要教可以，不过有个条件，你必须行拜师礼，恭恭敬敬地学。"张曜满口应承，他立马穿起朝服，让妻子坐在孔子牌位前，恭恭敬敬地对她行了拜师礼。

从此，只要一忙完公务，张曜就跟随妻子学习经史。每当妻子一摆老师的架子，他就恭恭敬敬地站起身，肃立一旁，听从妻子的教训，不敢稍有不敬。为了警醒自己，他特意请人刻了一方"目不识丁"的印章佩在身上。由于妻子认真教导，张曜勤奋苦学，几年之后，他就学有所成。他不仅自己草拟奏疏，而且写文章文笔流畅，

不少同僚称赞他博古通今。

从此，再无人敢拿"目不识丁"的旧文章弹劾他。因为张曜勤奋好学，死后皇帝赐谥号"勤果"。

聆听家训

> 古之学者为己，以补不足也；今之学者为人，但能说之也。古之学者为人，行道①以利世②也；今之学者为己，修身以求进也。
>
> ——[南北朝]颜之推《颜氏家训》

①行道：推行自己的主张。
②利世：造福社会。

译文

古代求学的人是为了充实自己，用来弥补自身的不足；现在求学的人是为了向别人炫耀，只能夸夸其谈。古代求学的人是为了众人，推行自己的主张来造福社会；现在求学的人是为了自身需要，提高知识水平来谋求官职。

小叮咛

古人和今人两种截然不同的求学目的，反映出不同的人生观和价值观。小朋友，我们应树立正确的人生观、价值观，好好读书，去实现自己的梦想，也为实现中华民族伟大复兴的中国梦贡献自己的才智。

54.勤有功，戏无益

苏步青刻苦学习

著名数学家苏步青出生在一个贫苦的农民家庭，父亲苏祖善尝够了没有文化的苦，望子成龙心切，于是给儿子取名"步青"，希望他将来"平步青云，光宗耀祖"。

可是，正当同龄人纷纷背起书包上学的时候，苏步青却头戴父亲编的大竹笠，身穿母亲缝的粗布衣，赤脚骑上牛背在卧牛山下放牛。每次路过村私塾门口，苏步青常常被琅琅的读书声吸引。于是，他就趴在私塾的门口听得入神，边听边跟着老师念。还把"偷听"到的编成顺口溜，放牛的时候当山歌唱，好几次还差点把牛给弄丢了呢！

父亲常听苏步青背《三字经》《百家姓》，心存疑惑。有一次，父

读书图（清·佚名）

亲正好撞见他在私塾门口"偷听"，父亲终于被感动了，决定"勒紧裤腰带"，送他上学。

刚开始读书的苏步青也爱玩闹，时常坐"红交椅"，考试倒数第一是家常便饭。老师把他叫到办公室，摸着他的脑袋说："我看你这个孩子挺聪明嘛，只要肯努力，一定可以考第一名。"又说，"你父母累死累活，省吃俭用，希望你把书念好。像你现在这样子，将来拿什么报答他们？"

老师不仅没有责罚他，反而鼓励他，这使苏步青大受感动，他决心发愤图强。从此，苏步青像是变了个人似的，不再贪玩，而是抓紧一切时间刻苦学习。

进初中后，他的第一篇作文交上去，教师一看，那写作方法很像是《左传》的写法，便怀疑这不是苏步青自己写的。上课时，老师打算考考他，随便点了《左传》上的一篇文章，要他说说写的是什么。不料，苏步青立即一字不落地把这篇文章背了出来。这使老师和同学们大吃一惊。

真下了决心好好读书，情况就完全不一样了，苏步青每学期都考第一，成为珍惜时间、勤奋学习的典范。

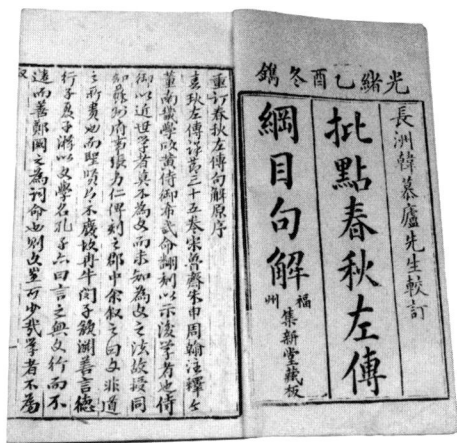

《左传》书影

夫学者犹种树也，春玩其华，秋登其实。讲论文章，春华也；修身利行①，秋实也。

——[南北朝]颜之推《颜氏家训》

①修身利行：涵养德性，以利于事。

译文

学习就像种树，春天可以玩赏它的花朵，秋天可以摘取它的果实。讲论文章，就好比赏玩春花；修身利行，就好比摘取秋果。

小叮咛

学习就像种树，不同的阶段往往有不同的收获。小朋友，开卷有益，千万不要让自己的学习劲头被嬉戏贪玩给冲没了，要做一个好学、乐学的勤奋之人。

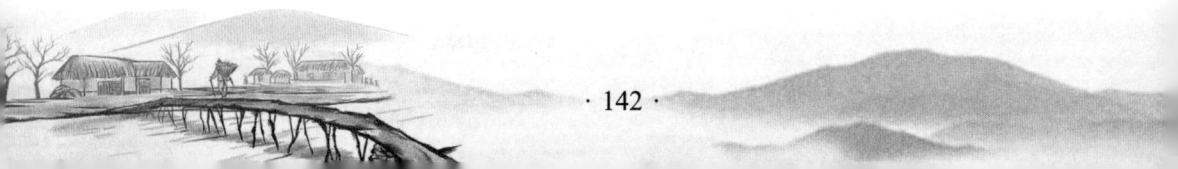

55. 虚心求益

欧阳修虚心求教

醉翁亭图（清·张培敦）

欧阳修任滁州太守时，和琅琊寺的智仙和尚关系很好，他常到琅琊山游玩，智仙和尚就专门为他在游山的路旁修了一座亭子。欧阳修给它起名为"醉翁亭"，还特意撰写了一篇《醉翁亭记》。

文章写好后，他抄了几份，一大早让手下的衙役把文章分别贴在各个城门上，一个城门贴一份，目的是让行人为他提意见，帮助他修改。同时，他派出锣鼓手，在各个城门口敲锣击鼓，引起行人的注意。

路过的行人纷纷赞赏欧阳修的文采。这时，一位50多岁的樵夫却摇摇头，他对欧阳修说："大人，我听衙役读了您的文章，字里行间充满了真情实感，就是开头太啰唆！"

为了让这位樵夫提出更详细的意见，欧阳修又为他把开头背了一遍："滁州四面皆山也，东有乌龙山、西有大丰山、南有花山、北有白米山，其西南诸峰，林壑尤美……"刚念到此次，樵夫把手一扬，说："停，毛病就在这里！"

欧阳修恍然大悟："您的意思是，这些山名不必一一点出吗？"樵夫说："就是这么回事！太守大人，您上过琅琊山的南天门吗？我砍柴的时候站在南天门，大丰山、乌龙山、白米山，还有花山，一转身就全都映入眼帘，四周都是山啊！"

欧阳修听了，忙说道："老人家，您说得很有道理！"当即在底稿上写道："环滁皆山也。其西南诸峰，林壑尤美……"并读给他听。

樵夫满意地说："'环滁皆山也'，用这五字概括，就不啰唆啦！"

欧阳修这种认真严肃的创作态度一直坚持到晚年，他每写一篇文章，必先书写在纸上，画在壁上，起身或躺着的时候不断地思考斟酌，推敲字句，谋求通篇结构的严谨。有的文章，改定后原稿通篇不存一字。正是这样严谨的创作态度，欧阳修流传下了许多佳作。

聆听家训

事师之道，全在虚心求益。倘①能随处求益，则三人同行，必有我师；若执②己自是，则圣人与居，亦不能益我。

——[明]袁黄《训儿俗说》

①倘：如果。
②执：固执。

译文

对待老师必须谦虚恭敬，才能获得成长。如果能随时随处寻求上进，那么三个人一起走，也必定有一个可以做自己的老师；如果固执地自以为是，即使和圣人一起居住，也不能获得任何益处。

小叮咛

"虚心使人进步，骄傲使人落后"，学习态度必须保持谦虚，切忌傲慢。小朋友，在学习与生活中，我们要多留意别人的长处，虚心向他人学习，弥补自己的不足，千万不要自以为是。只有这样，我们才会成长得非常快。

56. 建学立师

![故事会]

范仲淹办学

北宋初年，朝廷只热衷于科举考试选拔官员，但是对兴办学校培养人才却很不重视。就连最高学府——太学，平日里也学生寥寥。在学子们眼中，学校不过是参加科举考试的"旅舍"，考试前热闹一阵，考试一过，便各自散去。范仲淹明白，只有兴学育才，才能济世利民，他看在眼里，焦急在心里。

宋仁宗景祐年间，范仲淹被调往苏州担任地方官。他购置了一块地，打算建造宅邸。开建前，他先请了风水先生来相地。风水先生一看，大加赞叹："真是块风水宝地啊！这可是不断出公卿贵人的地方呀！"

范仲淹一听，心想：既然这地这么好，不如在这开办学校，培养国家人才，岂不是比建造私宅更好？

就这么办！不久，学校就开办起来了。范仲淹聘请了当时很有声望的学者胡瑗来执教。可是当时学风怠散，学生们都很不守规则。这让范仲淹忧心忡忡。斟酌再三，他决定让自己的长子范纯祐入学。范纯祐在一众学生中年纪最小，却最好学守规矩，在他的影响下，学风日变，学校名气日盛。苏州郡学后来成了当时知名的学校。

苟不养士①，而欲得贤，是犹不耕耨②而欲望秋获，不雕凿而欲望成器。故养士得才，以建学立师为急务也。

——[明]朱棣《圣学心法》

①养士：培养人才。
②耨（nòu）：除草。

译文

如果不注重培养知识分子，就想得到有用的人才，就好像没有耕种除草就指望秋天的收获，不进行雕琢就指望制成器具一样。所以培养知识分子获得贤能的人才，建立学校和设置老师是最急切要做的事。

小叮咛

范仲淹热心教育，兴办学校，聘请名师，为北宋教育事业的发展做出了突出的贡献。教育是民族振兴、社会进步的基石，所以，小朋友，我们要多跟传授知识、教授学业、解答疑惑的老师学习，提升自己的知识水平。

57. 一心只读圣贤书

高凤流麦

东汉有个读书人名叫高凤，他的父母都是种田的，因为贫穷，他小时候没钱进私塾读书，只能去邻居家借书读。

高凤读书时十分专注入迷，以至常常忘记其他事。童年时，他一面看书，一面放牛，结果连牛逃走了也不知道；少年时，他带着书本下地锄草，他一面背书，一面锄草，结果草没有锄掉，庄稼倒锄掉不少。

结婚后，有一次，他的妻子下田之前，把麦子晒在庭院里，拿了根长竹竿给他，叮嘱他说："麦子晒在院子的场地上，你坐在门口看着，别让鸡来糟蹋了。"妻子走后，高凤便专心致志地读起书来。不一会儿，就有几只鸡来啄食麦子，可高凤沉浸在书中的精彩世界，根本忘记了赶鸡的事。

麦子被鸡吃掉一些这还是小事。当时正值初夏，天气多变。妻子走的时候还是大晴天，不过一个时辰，天空中突然一阵乌云飘过，刹那间天昏地暗，一场暴雨倾盆而下。晒在场地上的麦子随着雨水流进了场边的沟渠。可是，高凤仍一手拿着竹竿，一手拿着经书，口中念念有词地读着，麦子被雨水冲走了，他一点儿也未察觉。

没过多久，风停雨歇。妻子回来后看到场院里少得可怜的麦子，

丈夫却仍端坐在矮凳上诵读，破口大骂："让你看麦子，刚才下大雨，为什么不收进去？你看，那么多麦子现在被雨水冲得只剩一点点了！""刚才下过大雨吗？我怎么一点儿也不知道？"高凤才如梦初醒。

这件暴雨流麦的奇闻很快传了开去，成为人们茶余饭后的笑谈。但高凤不以为意，仍专注自我，痴迷读书。十多年后，他成了著名的大儒。

聆听家训

虽百世小人，知读《论语》《孝经》者，尚为人师；虽千载冠冕[1]，不晓书记者，莫不耕田养马。

——[南北朝] 颜之推《颜氏家训》

①冠冕：指世家子弟。

译文

即使是世代平民，若懂得《论语》《孝经》，还可以给别人当老师；即使是世代相传的世家子弟，若不会读书写字，也只能沦为耕田养马的平民。

小叮咛

高凤"两耳不闻窗外事，一心只读圣贤书"，这种痴迷程度真让人难以想象！小朋友，其实像高凤这样也未必可取，但读书时沉淀心性，静心静气，当然会比浮躁不安收获更多。

149

58.以读书为业

欧阳通学写字

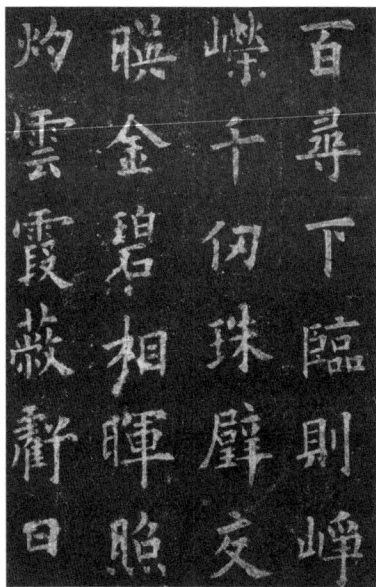

欧阳通是唐代大书法家欧阳询的儿子，在他很小的时候，欧阳询就去世了，他就由母亲一手抚养长大。

欧阳通懂事后，母亲期盼他能子承父业，便开始教他临习父亲的字。那时欧阳通还小，练字时间一长，他就耐不住性子，想要出去玩，自然，写的字也就马马虎虎，吊儿郎当。

几次三番之后，母亲很是生气，对他说："孩子，你父亲写的字可好了，有很多人想用高价来买他的字。你要像你父亲那样，写出一手好字来，知道吗？"

欧阳询《九成宫醴泉铭》局部

来，知道吗？"

欧阳通听了，说："我也希望能像父亲那样写得一手好字，只是不知道被人家买去的父亲的字是怎样的。"

于是他就想了一个办法，把母亲给的零花钱积攒起来，将父亲

以前卖给人家的字，再买回来。人家不肯卖时，他就出高价买。得到父亲的字之后，他练字就不再偷懒了。他发现父亲的楷书笔力险劲，骨气劲峭，法度谨严，于平正中见险绝，于规矩中见飘逸，笔画穿插，安排妥帖。经过几年的刻苦练习，欧阳通的字写得越来越接近父亲，来买他字的人也渐渐多了起来。

最终，欧阳通成了与父亲齐名的大书法家，人称"大小欧阳"。

聆听家训

家世素业[1]，不可辄[2]废。吾家以读书相传，业之贵者也。

——[清]冯班《将死之鸣》

[1]素业：先世所遗之业，旧时多指儒业。

[2]辄（zhé）：总是，就。

译文

家族先辈所遗留的旧业，不能就这样废止。我们家族以读书为业，世代相传，它在家业中是很重要的，要引起重视。

小叮咛

唐代的欧阳询和欧阳通父子在书法史上留下了浓墨重彩的一笔。先辈们以读书为业，积聚知识和经验卓识。小朋友，希望你也能继承先辈遗志，以读书为业，以读书为荣，努力提升自己。

59. 严格要求自己

故事会

墨子训徒

墨子是春秋战国时期的思想家、政治家，也是墨家学派的创始人。他有个得意门生叫耕柱，可墨子总是责骂他这位得意门生。

有一次，墨子又因为一件小事大声责备了耕柱。耕柱觉得自己非常委屈，因为在众多门生中，大家都认为他是最优秀、最能干的人，但又偏偏常遭到墨子的指责，这让他感到很没面子。

他终于忍不住，愤愤不平地问墨子："老师，难道我真的那么差劲吗？为什么您老是骂我？"

墨子听后，并不动肝火，而是缓缓地问道："耕柱啊，假如我现在要上太行山，依你看，我应该要用良马来拉车，还是用老牛来拖车？"

耕柱毫不犹豫地回答："老师，这个问题太简单了，再笨的人也知道要用良马来拉车啊！"

墨子又问："那么，为什么不用老牛呢？"

耕柱回答说："理由也非常简单，因为太行山路途遥远，良马可以担负重任。老牛嘛，单单

墨子雕像

在体力上就不行啊！"

墨子笑着说："你答得一点儿也没有错。我之所以时常责骂你，就是因为你像良马一样，能够担负重任，值得我一再地教导与匡正。"

耕柱听后恍然大悟，从此再也不反感墨子对他的批评了，比以前更虚心地向墨子学习。

聆听家训

人能日日诵读，玩索①深求，虚心就正有道之君子，读遍典坟②，穷则为通儒，为正人；达则为忠臣，为义士。

——[明]何尔健《廷尉公训约》

①玩索：体味探求。
②典坟：泛指各类书籍。

译文

人如果能每天诵读书籍，不断体味思索，深入探求，虚心向有学问和有道德的人请教指正，广泛阅读典籍，那么不得志时便能成为学识渊博、正直的人，得志时便可成为忠诚的臣子，成为正义之士。

小叮咛

能遇到直言相劝的人生导师，是件非常幸运的事情。或许他是我们的老师，或许他是我们的朋友，或许他是我们的父母。我们有时难免会像故事中的耕柱，需要有人指点迷津。读书可以帮助我们成长，这也是家训要表达的意思。

60. 读书常自省

曾国藩写日记

曾国藩是清朝政治家、军事家。年轻时的曾国藩读书颇多，但也颇为自负，总觉得人家这个不好，那个不对。到了而立之年，他意识到了自身的诸多不足，于是立志自我改造，争做一个有修养的圣贤人。

那么，他是怎么做的呢？说起来也很简单，他加强自我修养的方法就是写日记，这个习惯他一直坚持到生命结束的前一天。曾国藩一共写了33年的日记。

曾国藩的日记，迥异于其他人。他的日记篇幅都不长，或几十字，或一两百字，很像今天的微博。每次写日记，他都用工整的蝇头小楷，把自己每天的所作所为都一一记录下来，然后对自己一天的言行进行检查和反思。若是发现有不符合圣人标准的，

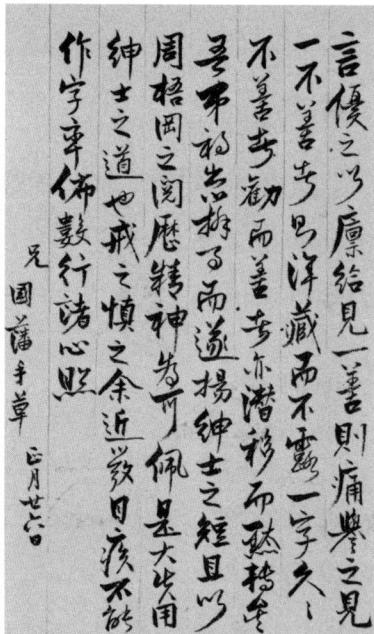

曾国藩手书

· 154 ·

就加以自责，深刻自省，并在今后努力加以改正。

比如，曾国藩年轻时有个抽烟的坏习惯，但是一直戒不掉，他在日记中关于戒烟的反省还不少呢！如道光二十二年（1842）十月初七："本日说话太多，吃烟太多，故致困乏，都检点过不出来，自治之疏甚矣！"再如十月二十一日："客去后，念每日昏锢，由于多吃烟，因立毁折烟袋，誓永不再吃烟，如再食言，明神殛（jí）之！"再如十月二十九日："自戒烟以来，心神彷徨，几若无主，遏欲之难，类如此矣！"再如十一月十六日："余须戒：吃烟、妄语、房闼（tà）不敬。"

每日这样反省有什么好处呢？透过自己的日记沉淀自己的思绪，反省自己这一天有哪些不足，深刻反思做出改变，明天再接再厉。有了日记这个学习工具，曾国藩工作、学习的效率大为提高，他逐渐改变了自己不良的习惯，以至于后来成就了一番事业！

聆听家训

圣贤之书，千言万语，恳恳切切，只要成就一个人字。然人或终日诵读，视为口头常语，不知警策，故古人又有《功过格》①《感应篇》②，则逐件逐条，可以详细检勘③，步步省察。

——[清]纪大奎《敬义堂家训》

① 《功过格》：明代袁黄提出，自记善恶功过的册子。
② 《感应篇》：道家著作。
③ 检勘：检验考核。

圣贤书上有许许多多诚恳真挚的忠告，只为了能成就一个"人"字。但有的人整天诵读，视为口头上经常说的话，不知道警惕鞭策自己，所以古人又有《功过格》《感应篇》，就通过一件件一条条的内容，可以详细检验勘察，步步反省检查自己。

小叮咛

纪氏世代以家风严谨闻名，纪大奎父亲纪文林平时对他训诫极严，告诫他要养成孝悌、勤俭、朴素、习业、仁爱、谦让、忠恕，受得苦、吃得亏等品质，纪大奎也颇具其父风范。小朋友，这则家训告诉我们读书原是要识道理、务德业，并不只是为了功名，希望你能将书中学到的道理，用于鞭策自己的言行。

附录：

家训档案

序号	朝代	作者介绍	作品介绍
1	三国	诸葛亮（181—234），字孔明，人称"卧龙"，琅邪阳都（今山东沂南南）人，三国时蜀汉政治家、军事家。	《诫子书》是诸葛亮劝勉儿子勤学立志、修身养性的一封书信，作者提出了做人治学的具体途径。
2	南北朝	颜之推（531—约590后），字介，琅邪临沂（今属山东）人，北齐文学家。	《颜氏家训》分序致、教子、兄弟、治家、风操等20篇，以儒家经典为据，强调封建道德伦理规范。
3	唐代	李世民（599—649），即唐太宗，626—649年在位。唐高祖李渊次子。	《帝范》共12篇，是唐太宗为教导太子李治而作，讲述持身治国之道。
4	宋代	朱熹（1130—1200），字元晦，一字仲晦，号晦庵，别称紫阳，祖籍徽州婺源（今属江西），生于南剑州尤溪（今属福建），南宋哲学家、教育家。	《童蒙须知》是朱熹专为儿童编写的一部启蒙读物，内容包括"衣服冠履""语言步趋""洒扫涓洁""读书写文字"和"杂细事宜"五类。 《朱子训子帖》又名《与长子受之》，是朱熹写给长子朱塾（字受之）的家书合编。其中有勤勉向师长学习、分辨益友与损友、遇事谨言慎语的建议。
5	宋代	倪思（1147—1220），字正甫，又作正父，号齐斋，归安（今浙江湖州）人，南宋学者。	《经钮堂杂志》共8卷，是倪思晚年撰写的读书札记。全书涵盖时政轶事、读书论道、修身养性、治家教子、为人处世等诸方面。

序号	朝代	作者介绍	作品介绍
6	元代	王结（1275—1336），字仪伯，谥文忠，易州定兴（今属河北）人。	《善俗要义》是王结为教化当地百姓而作，内容包括务农桑、课栽植、勤学问、敦孝悌、隆慈爱、择交友等33条。
7	明代	方孝孺（1357—1402），字希直，又字希古，号逊志，人称正学先生，宁海（今属浙江）人，明代学者。	《宗仪》是方孝孺专为族人制订的诫语和族规，有《尊祖》《重谱》《睦族》《广睦》《奉终》《务学》《谨行》《修德》《体仁》9篇。
8	明代	朱棣（1360—1424），即明成祖，1402—1424 年在位，年号永乐。朱元璋第四子。	《圣学心法》是效仿唐太宗《帝范》之作，是历代圣贤治国方略语录之大成，阐述了作为君王应具备的修养和才能。
9	明代	袁颢（1414—1494），字菊泉，浙江嘉善人。袁黄曾祖，博学而隐于医。	《袁氏家训》反映了袁氏家族在思想、社交上为适应家族命运突变所做出的努力，在为人处世、读书治家等方面给后代很好的建议。
10	明代	方弘静（1517—1611），字定之，号采山，新安（今属安徽）人。	《方定之家训》又名《燕贻法录》，以教导子弟读书、做人、治家的道理为主，指出要清廉节俭、行善除恶、耕读传家、安贫乐道。
11	明代	袁黄（1533—1606），字坤仪，号学海，后改了凡，浙江嘉善人。崇尚程朱理学。	《训儿俗说》包括立志、敦伦、事师、处众等，阐述了做人、治家的基本规范。

序号	朝代	作者介绍	作品介绍
12	明代	支大纶（1534—1604），字心易，一字华平，橪（zuì）李（今浙江嘉善）人，明代官员。	《支子家训》包括《戒分析》《立统纪》《择学术》《励家范》等10篇，对家庭事务的管理和家人的生活言行都做了严格的规定。
13	明代	吕坤（1536—1618），字叔简，一字心吾或新吾，宁陵（今属河南）人，明代学者。	《四礼翼》包括《冠礼翼》《婚礼翼》《丧礼翼》《祭礼翼》，是作者有感于冠、婚、丧、祭四礼在人生中的重要作用而撰的，书中所述内容是对古礼的一种补充。
14	明代	唐文献（1549—1605），字元征，号抑所，谥文恪，华亭（今上海松江）人。	《唐文恪公家训》由若干家信组成，内容涉及读书、做人、交友等。作者提出：读书上，要细心勤学；做人上，"要思量做个好人"；交友上，要结交"明师益友"。
15	明代	何尔健（1554—1610），字明甫，号乾室，曹州（今山东菏泽）人。居官清廉刚正，世称"铁面御史"。	《廷尉公训约》是作者为族人制订的一部规约，共14条，包括丧葬祭祀、孝悌安分、守身励学、勤俭省约、力戒利欲嫖赌争斗，以及读书做人、治家教子等内容。
16	明代	屠羲时（生卒年不详），明代安徽宣城人，曾任浙江提学副使，余者不详。	《童子礼》是对儿童言行举止的规范，作者提出"检束身心之礼""入事父兄、出事师尊、通行之礼""书堂肄业之礼"三方面的要求。

序号	朝代	作者介绍	作品介绍
17	明代	陈其德（生卒年不详），字太华，号松涛，浙江桐乡人。生平事迹不详。	《垂训朴语》是作者随笔记录的具有劝善格言性质的家训，包括读书、人品、养心等内容。
18	明代	孙奇逢（1584—1675），字启泰，一字钟元，直隶容城（今属河北）人，明末清初理学大家。	《孝友堂家训》是孙奇逢其子及孙辑录孙奇逢日常生活中训示子、侄、孙辈之语而成的一本家训著作。
19	明代	吴麟征（1593—1644），字圣生，号磊斋，谥忠节，海盐（今属浙江）人。	《家诫要言》是吴麟征居官时写给子弟的家书，共73条，前半部分论述修身立志、交友求学等内容，后半部分多亡国前夕悲苦之音。
20	清代	冯班（1602—1671），字定远，号钝吟，常熟(今属江苏)人。擅诗、书法。	《家戒》是冯班近70岁时撰写的家训著作，分上、下两卷，内容关涉教育子弟、读书治学、为人处世三方面。 《诫子帖》是冯班指导其子学习书法的著作，体现了冯班的书学思想。书中主要评论古帖、教其子习帖，也简要谈到如何读书、作诗。 《将死之鸣》是冯班年近70岁时所作的家训，其告诫子弟有三：一是强调把读书治学作为传家之业；二是强调子弟要有技在身；三是告诫子弟为人处世要平实谨慎。

序号	朝代	作者介绍	作品介绍
21	清代	朱柏庐（1617—1688），名用纯，字致一，自号柏庐，昆山（今属江苏）人。明生员，清初居乡教授学生。	《朱柏庐先生劝言》分《孝弟》《勤俭》《读书》《积德》四节。朱柏庐在此书中对《治家格言》中着重强调的修身齐家和为人处世的原则做了进一步阐发。
22	清代	徐枋（1622—1694），字昭法，号俟斋、秦余山人，自称"孤哀子"，长洲吴县（今江苏苏州）人。	《诫子书》所陈包括毋荒学业、毋习时艺、毋预考试、毋服时装、毋言世事、毋游市肆、毋预宴会、毋御鲜华、毋通交际、毋渎亲长等。
23	清代	周召（生卒年不详），字公右，号拙庵，浙江衢州人，康熙初任陕西凤县知县。	《双桥随笔》作于周召携家人至万山双桥避难时，因家中藏书毁于战火，周召便根据自己的生平阅历编撰此书。该书共12卷，涉及修身齐家、读书治学、为官处世等。
24	清代	汤斌（1627—1687），字孔伯，号潜庵，睢州（今河南睢县）人。	《常语笔存》是一部语录体家训，共20余条，由汤斌长子汤溥与众门人整理而成，内容主要涉及治学方法与修身之道。
25	清代	吕留良（1629—1683），字用晦，号晚村，崇德（今浙江桐乡）人，明清之际思想家。以行医、讲学、著述、刻书为业。	《吕晚村先生家训》根据吕留良平时训导子弟的家书、诗文等编辑而成，共5卷，内容含家庭细务、读书治家、为人处世等。

序号	朝代	作者介绍	作品介绍
26	清代	张英（1637—1708），字敦复，号乐圃，桐城（今属安徽）人。	《聪训斋语》为张英在家中随时诫言，由其子纂录成册。张英将书籍看作养心第一"妙物"，认为只有读书可以养心。
27	清代	李铠（1638—1707），字公凯，号艮斋、惺庵，江南山阳（今属江苏淮安）人，清大臣。	《李惺庵家训》共83条，内容大多是采集前人嘉言懿行，阐述治家教子、修身处世之理。
28	清代	胡翔瀛（1639—1718），初名良桐，字峄阳，号云屿处士，邑人亦称其为峄阳先生，山东即墨人。	《竹庐家聒》是胡翔瀛根据当时的社会情态和自己长期的教育经验写成的一部道德规范启蒙教育的通俗读物。
29	清代	李毓秀（1647—1729），字子潜，号采三，山西新绛龙兴人，清初学者。	《弟子规》原名《训蒙文》，列述弟子在家、出外、待人、接物与学习上应该恪守的规范。
30	清代	窦克勤（1653—1708），字敏修，号静庵，河南柘城人。	《寻乐堂家规》是窦克勤秉承父亲意旨而编撰的，共14篇，包括祭先、子职、兄弟、勤业、俭用、睦族、友道等内容。
31	清代	爱新觉罗·玄烨（1654—1722），即清圣祖，1662—1722年在位，年号康熙。世祖第三子。	《庭训格言》是雍正皇帝追述其父康熙平素对诸皇子的教诫之语，为语录体，内容涉及为学、为君、处世、生活之道等，共246则。
32	清代	涂天相（生卒年不详），字燮庵，号存斋，一号迂叟，湖北孝感人。	《静用堂家训》围绕读书做人、品格修养、明理行事等方面进行阐述。涂天相认为，只有辨别君子、小人，读书才可入门。

序号	朝代	作者介绍	作品介绍
33	清代	郑燮（1693—1765），字克柔，号板桥，江苏兴化人，清代书画家、文学家，"扬州八怪"之一。	《郑板桥家书》是郑燮写给堂弟郑墨的16通家书。作者主要根据自己的人生体会，围绕读书、做人等方面进行论述。
34	清代	纪大奎（1746—1825），字向辰，号慎斋，临川（今江西抚州）人，清代史学家、文学家。	《敬义堂家训》是作者记录父亲平日的训诫之言，并加以推广其意而成的一部家训著作，阐述了治家、读书、教子等方面的内容。
35	清代	焦循（1763—1820），字里堂，甘泉（今江苏扬州）人。创立了里堂学派。	《里堂家训》是焦循为教导其子焦廷琥而撰，内容包括教子为人处世、交友、择业、待人以及读书做学问的方法等。
36	清代	高拱京（生卒年不详），号安蔬老人，生平事迹不详。	《高氏塾铎》是高拱京晚年所作，围绕读书、治家、处世等问题展开论述，包括"好读书""谨交友""治生勤""处家俭""恤穷困""行方便"。
37	清代	杜堮（1764—1859），字次崖，号石樵，山东滨州人。善诗，精通书画。	《杜氏述训》是杜堮根据杜氏数代人的教育理念总结的家训专著，反映了杜氏家族的修身、为学、持家处事之道。
38	清代	潘德舆（1785—1839），字彦辅，号四农，又号艮庭居士，山阳（今江苏淮安）人，清代文学家。	《示儿长语》以教导子弟正确做人、读书、治家等为主要内容，指出"做人先立志"，强调"孝弟忠信，礼义廉耻"。

序号	朝代	作者介绍	作品介绍
39	清代	曾国藩（1811—1872），原名子城，字伯涵，号涤生，湖南湘乡白杨坪（今属双峰）人，清末洋务派和湘军首领。	《曾国藩家书》是曾国藩写给祖父、父母、叔父、子侄等的书信集，是其治政、治家、治学之道的反映。《曾文正公家训》共收录曾国藩教子家书120篇，涉及内容广泛，大到经邦纬国、行军打仗、内政外交、治学修身，小到家庭生计、居家日常等。
40	清代	左宗棠（1812—1885），字季高，湖南湘阴人，晚清军事家，洋务派首领之一。	《左宗棠家书》是左宗棠写给夫人、仲兄、子侄的信件，书中涉及作者经历的一些军事活动外，大部分是对家人的嘱托和叮咛。
41	清代	褚维垕（1822—1890），字子方，号讱斋，余杭（今属浙江）人。	《褚氏家约》共12条，涉及祭祀祖先、孝敬尊长、教养子弟、治家方略等内容。
42	清代	郭昆焘（1823—1882），原名先梓，字仲毅，一字意城，晚年自号樗叟，湖南湘阴人。人称"第一秉笔军机才"。	《云卧山庄家训》分上、下两卷，为郭昆焘平时教子言论。全书围绕读书学习、为官从政、为人处世等对儿子进行谆谆教导。

图书在版编目（CIP）数据

中华家训代代传.勉学篇 / 吴荣山,祝贵耀总主编；
姚正燕,周佳本册主编 .-- 杭州 : 浙江古籍出版社,
2023.1

ISBN 978-7-5540-2416-4

Ⅰ.①中… Ⅱ.①吴… ②祝… ③姚… ④周… Ⅲ.
①家庭道德－中国－青少年读物 Ⅳ.① B823.1-49

中国版本图书馆 CIP 数据核字（2022）第 205618 号

中华家训代代传·勉学篇

吴荣山　祝贵耀　总　主　编
姚正燕　周　佳　本册主编

出版发行　浙江古籍出版社
　　　　　　（杭州体育场路 347 号　电话：0571-85068292）

网　　址　https://zjgj.zjcbcm.com

责任编辑　潘铭明

责任校对　张顺洁

封面设计　李　路

责任印务　楼浩凯

照　　排　杭州立飞图文制作有限公司

印　　刷　北京众意鑫成科技有限公司

开　　本　710mm×1000mm　1/16

印　　张　10.75

字　　数　120 千字

版　　次　2023 年 1 月第 1 版

印　　次　2023 年 1 月第 1 次印刷

书　　号　ISBN 978-7-5540-2416-4

定　　价　59.80 元

如发现印装质量问题，影响阅读，请与本社市场营销部联系调换。